KOSMOSratgeber

Pierre Bourge / Jean Lacroux

Sternbeobachtung für Einsteiger

Mit bloßem Auge und Fernglas

KOSMOS

Umschlaggestaltung von eStudio Calamar unter Verwendung einer Farbaufnahme des Andromeda-Nebels vom National Optical Astronomy Observatory (NOAO), USA, und einem Foto von Martin Gertz, Weinstadt.

Mit 60 Farbfotos, 32 Farbgrafiken und 23 Sternkarten

Bildnachweis siehe Seite 144

Titel der Originalausgabe: „Pierre Bourge / Jean Lacroux, Observer le ciel à l'oeil nu et aux jumelles"

ISBN der Originalausgabe: 2-04-760063-4

Aus dem Französischen übersetzt von
AMS / Sabine Grimm

Bibliografische Information der Deutschen Bibliothek:
Die Deutsche Bibliothek verzeichnet diese Publikation in der Deutschen Nationalbibliografie; detaillierte bibliografische Daten sind im Internet über http://dnb.ddb.de abrufbar.

Gedruckt auf chlorfrei gebleichtem Papier

Für die deutschsprachige Ausgabe:

ISBN 3-440-09888-5
Redaktion: Justina Engelmann
Produktion: AMS / Hermann Scharnagl, Reute
Printed in Italy / Imprimé en Italie

Viel Vergnügen!

Wenn Sie einmal das Sternengewimmel in einer schönen Sommernacht beobachtet oder den Mond in der ersten Mondphase durch ein einfaches Fernglas betrachtet haben, sind Ihnen gewiss eine Menge Fragen über die Sterne und über die Geheimnisse des Universums durch den Kopf gegangen. Mit anderen Worten: Die Faszination der Astronomie hat Sie gepackt!

Mit diesem Buch wollen wir diejenigen, die sich für die Dinge am Himmel interessieren – Touristen, Camper, Ausflügler sowie Hobby-Gucker jeden Alters – an die spannenden Beobachtungen heranführen, die sich leicht und ohne Aufwand mit dem bloßen Auge oder dem Fernglas durchführen lassen, einfach so zum Vergnügen beim Abendspaziergang. Wir stellen Ihnen nicht die gesamte Astronomie vor, sondern nur jene Aspekte, die für Sie von praktischer Bedeutung sind. Dazu gehört selbstverständlich wie man sich orientiert, das Erkennen der Sternbilder und der Planeten sowie die Beobachtung von künstlichen Satelliten und Sternschnuppen.

Jedoch stellt man sich bei einigen astronomischen Phänomenen wie z. B. Finsternissen, beim Beobachten der Milchstraße oder auch der wechselnden Mondphasen tausend Fragen, die hier beantwortet werden sollen und die einen die großen Naturschauspiele noch viel mehr bewundern lassen.

Dem regelmäßigen Beobachter bietet der Himmel ein immerwährendes Schauspiel. Die astronomische Realität ist fantastischer als jede Fiktion, und die Gefühle, die man unter dem Firmament mit all seinen Sternen empfindet, sind noch intensiver, wenn man die Ursache der Phänomene kennt, die man dort entdeckt. Der Himmel ist somit ein faszinierender Kulturbereich, und seit einigen Jahren ist die Astronomie wieder zu einer sehr populären Wissenschaft geworden.

Viele Leute, die sich für Astronomie interessieren, beklagen, dass ihnen für ihre Beobachtungen ausreichend leistungsfähige Instrumente fehlen. Sie vergessen dabei, dass sie selbst mit bloßem Auge viel Spannendes am Himmel sehen und untersuchen können.

Das Anliegen dieses Buchs ist es, zur Himmelsbeobachtung anzuregen, den Nachthimmel gezielt mit bloßem Auge oder mit dem Fernglas zu betrachten, und schließlich einige Phänomene zu erklären.

Inhalt

Orientierung am Himmel

Das Himmelsgewölbe

An einem schönen Abend gehen gegenüber dem Horizont, hinter dem gerade die Sonne untergegangen ist, nach und nach die Sterne auf. Das Abendrot erlischt und die Sternbilder werden sichtbar. Man sieht nun das Himmelsgewölbe.

Das Himmelsgewölbe: eine Illusion

Nachts hat man den Eindruck, sich unter einer riesigen Glocke, einer gigantischen Kuppel zu befinden. Jeder Stern gleicht einem winzigen Punkt, der an einem mit Stoff bespannten Gewölbe angeheftet ist. Diese Täuschung nennt man „Himmelsgewölbe“. Alle Sterne scheinen gleich weit von unserem Auge entfernt zu sein, sehr weit weg über den Wolken. Und wenn die Astronomen Ihnen noch so oft erklären, dass die Sterne millionenmal weiter entfernt sind als der Mond, so werden Sie doch niemals die Illusion ganz los, dass sich alle Gestirne auf einer imaginären Himmelskugel mit unermesslichem Radius zu befinden scheinen. Später werden wir sehen, dass uns dieses Gewölbe immer flachgedrückt erscheint. Schon in der Antike stellten die Astronomen diese scheinbare Himmelskugel als Globus dar, auf dem sie die jeweiligen Positionen der Sterne als mehr oder weniger kleine Punkte markierten. Die Sterne befinden sich in sehr unterschiedlichen Entfernungen, und doch hat man den Eindruck, sie seien alle gleich weit entfernt. Wir sehen den Himmel in zwei Dimensionen, als handle es sich um eine hohle Fläche, aber es gibt eine dritte Dimension, die Tiefe, die Entfernung also, die wir nicht wahrnehmen. Der Weltraum erscheint in unendlicher Entfernung über uns aufgespannt: Seine räumliche Tiefe ist für uns nicht zu erkennen.

Wenn wir in unseren Breiten nach Osten blicken, sehen wir, wie die Sterne in einem Winkel von etwa 40° schräg über dem Horizont auftauchen.

Blicken wir an einem Ort derselben Breite nach Westen, so stellen wir fest, dass die Sterne im gleichen Winkel schräg hinter dem Horizont verschwinden.

Hier kann man den Aufgang des Sternbilds Orion an einem Winterabend über den Alpen und dem Genfer See nachvollziehen. Auf dieser 15-minütigen Stativ-Aufnahme haben die Sterne Strichspuren auf dem Film hinterlassen.

Und sie bewegt sich doch!

Das Himmelsgewölbe erscheint uns bewegungslos, als sei es auf einem Foto festgehalten. Täuschung! Merken Sie sich die Position eines hellen Sterns knapp über dem Horizont in Bezug auf einen nahen Baumwipfel oder Dachgiebel. Was fällt Ihnen auf? Die Sterne scheinen herabzusinken, wenn Sie nach Westen blicken, sie scheinen hingegen aufzusteigen, wenn Sie sich nach Osten wenden. Nach einer halben Stunde ist eine deutliche Bewegung zu erkennen. Würde man die Sterne durch ein Teleskop mit 100-facher Vergrößerung betrachten, so wäre die Verschiebung bereits nach wenigen Sekunden erkennbar.
Nach weniger als einer Stunde hat sich das Aussehen des Himmels bereits ziemlich verändert: Im Osten sind neue Sterne über dem Horizont aufgestiegen; im Westen sind Sterne verschwunden. Wenn Sie nach Süden blicken, scheinen die Sterne nach Westen gerückt zu sein.

Konzentrische Kreise

Eine genauere Beobachtung würde Ihnen zeigen, dass alle Sterne und natürlich auch der Mond mehr oder weniger große konzentrische Kreise um einen unsichtbaren Punkt beschreiben, den die Astronomen den „Himmelspol“ nennen und dessen Position der Polarstern recht genau angibt.
Sonne, Mond, Planeten und Sterne gehen im Osten auf (in Richtung Orient, was „aufgehend“ bedeutet) und im Westen unter (in Richtung Okzident, was „untergehend“ bedeutet).
Wenn Sie nun nach Norden blicken, werden Sie feststellen, dass viele Sterne in der Nähe des Polarsterns um ihn herum kreisen, ohne jedoch jemals auf- oder unterzugehen, da sie den Horizont niemals berühren.
Auf Seite 14 werden wir lernen, den Polarstern vom Großen Wagen ausgehend leicht zu finden. Aber weshalb beschreiben die Sterne Bögen, die zum Horizont abfallen? Dies liegt ganz einfach an der Lage unseres Beobachtungspunktes zwischen Äquator und Nordpol, was allgemein für Europa zutrifft (Regionen zwischen dem 35. und dem 70. Breitengrad).
Befänden wir uns direkt am Nordpol, würden die Sterne am Himmel Kreise parallel zum Horizont beschreiben, und der Polarstern befände sich im Zenit.

Der Himmel dreht sich

Unabhängig von allen Objekten des Weltraums dreht sich die Erde um sich selbst, wobei wir den Eindruck haben, es sei der Himmel, der sich um uns dreht. Auf diese Weise scheinen alle Himmelskörper, einschließlich dem Polarstern, über unseren Köpfen zu kreisen.

Selbst der Polarstern

Die Gestirne scheinen sich also in 24 Stunden einmal um den Polarstern zu drehen. Dies ist allerdings nicht ganz richtig, denn selbst der Polarstern beschreibt einen kleinen Kreis um einen fiktiven Punkt, den die Astronomen als nördlichen Himmelspol bezeichnen. Dieser Punkt liegt exakt auf der Drehachse der Erdkugel.
Wollen Sie die genaue Position des Himmelspols herausfinden, richten Sie eine Kleinbildkamera auf die Polregion, öffnen Sie das Objektiv weit und lassen Sie den Verschluss zwei Stunden lang geöffnet. Platzieren Sie den Apparat auf dem Boden, wenn Sie kein Stativ besitzen. Auf dem Foto werden die Sterne als konzentrische Kreisbögen abgebildet, und selbst der Polarstern hinterlässt eine sehr kurze Spur. Genau in der Mitte dieser Sternenkreise befindet sich der nördliche Himmelspol.
Viel schwerer fällt es, sich vorzustellen, dass es auf der Gegenseite auch einen Südpol unter unserem Horizont gibt. Um diese Nord-Süd-Achse, die die beiden Pole verbindet, beschreibt unser Planet in genau 23 Stunden, 56 Minuten und 4 Sekunden seine Rotation. Die sichtbare Bewegung des Sternenhimmels vollzieht sich also in 86 164 Sekunden: Dies ist die Zeit, die ein Stern benötigt, bis er sich wieder gegenüber demselben Ort auf der Erde befindet, dies ist die Dauer eines „Sterntags“. Ein „Sonnentag“ dauert jedoch 24 Stunden.

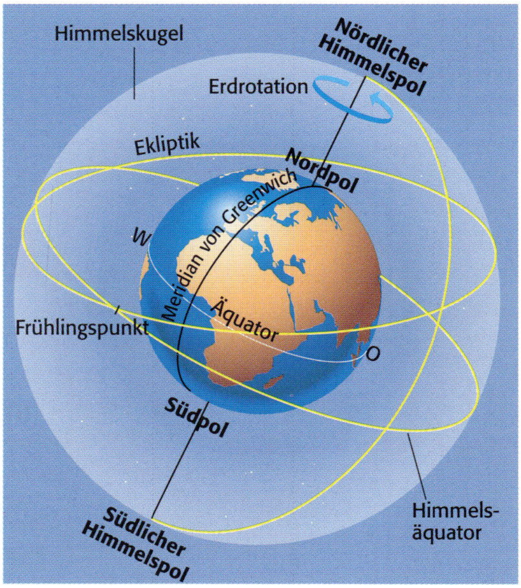

Die Erde, unser Planet, dreht sich um die Nord-Süd-Achse, die ihre beiden Pole verbindet.

In welche Richtung drehen sich die Sterne?

Blicken Sie zum südlichen Horizont und verfolgen Sie die langsame Bewegung irgendeines Gestirns. Sie werden bald feststellen, dass es im Uhrzeigersinn wandert: von links nach rechts. Die Astronomen bezeichnen diese Bewegung als rückläufig. Eine rechtläufige Bewegung ist die von rechts nach links, entgegen dem Uhrzeigersinn.
Eine weitere Erkenntnis: Wir sehen, wie die Sterne aufgehen und dann untergehen, und wir wissen, dass dieselben Sterne in den folgenden Nächten wiederkehren. Ist es dann

nicht logisch, dass sich diese Sterne in der Zwischenzeit, also zwischen Untergang und Aufgang, unter der Erde hindurch bewegt haben?

Wer dreht sich: der Himmel oder wir?

Warum dreht sich der Sternenhimmel? Auf diese Frage gibt es nur zwei mögliche Antworten: Entweder dreht sich der ganze Himmel, also alle Sterne, innerhalb von rund 24 Stunden um die Erde; oder aber es ist die Erde selbst, die uns diese Täuschung beschert, indem sie sich wie ein Kreisel um ihre Achse dreht.
Die erste Vermutung schien schon in der Antike unwahrscheinlich und schließlich musste man einsehen, dass die Erde eine einsame Kugel im Weltraum ist, die sich in 24 Stunden gleichmäßig um sich selbst dreht.

Der Himmel ist ein Abgrund

Was ist dann der Himmel, der Himmel der Astronomen? Der Himmel ist all das, was außerhalb der Erde existiert, der unendliche Raum, die Sterne. Dazu gehören auch Mars, Jupiter und Saturn, die Sonne und der Mond, und schließlich ist es auch unsere Erde selbst, denn auch die Erde ist ein Gestirn des Himmels (genauer gesagt ein Planet).
Ein Astronom würde auf diese so einfache Frage anders antworten. Der Himmel, das ist die Gesamtheit der Galaxien, und jede Galaxie ist für sich selbst wieder eine Ansammlung aus Milliarden von Sonnen.
Bis heute hat man selbst mit den leistungsfähigsten Teleskopen nicht bis zum Horizont dieses fantastischen Universums blicken können, dessen Grenzen sich in dem Maße entfernen, in dem die Leistungsfähigkeit der Instrumente zunimmt.

Die Mitte der Kreisbögen gibt den nördlichen Himmelspol in der Nähe des Polarsterns an (ovaler heller Punkt). Diese Aufnahme vom Observatorium Pic du Midi mit einem 24-mm-Weitwinkelobjektiv dauerte eine Stunde.

Im Weltall gibt es weder oben noch unten

Für alle Erdbewohner ist „unten" das Innere der Erdkugel; „oben" ist das, was außen ist, der Raum, der uns umgibt. Aber da sich die Erde innerhalb von knapp 24 Stunden um sich selbst dreht, befindet sich das, was irgendwann über uns ist, zwölf Sunden später unter unseren Füßen (aber noch immer am Himmel). Wir müssen also erkennen, dass unsere Vorstellungen von oben und unten nicht dazu taugen, die Lage der Sterne anzugeben, auch wenn wir im Alltag die Oberfläche, auf der unsere Füße stehen, immer als „unten" bezeichnen, und als „oben" oder „Himmel" den Raum über unseren Köpfen.

Die Sternbilder als Orientierungshilfe

Im Sommer ist es sehr reizvoll, den Sternenhimmel mit bloßem Auge zu betrachten. Dieses Spazierengucken ist ein erster Schritt zur Beschäftigung mit der Himmels-„Geografie". Aber das Sternengewimmel – wie soll man sich da bloß zurechtfinden?

Praktische Konventionen

Um sich zu orientieren, fassten die Astronomen des Altertums benachbarte Sterne zu charakteristischen Figuren zusammen, die nach Tieren oder mythologischen Gestalten benannt wurden. Es handelt sich um die „Sternbilder". Allerdings benötigt man einiges an Fantasie, um die Umrisse des Tieres oder der Gestalt überhaupt zu erkennen. Selbst der Große Wagen lässt sich gar nicht so leicht als Wagen ausmachen.

Der Große Wagen als Himmelsschlüssel

Nehmen wir an, es sei Herbst, der 15. November, gegen 21 Uhr. Wenden Sie sich nach Norden und blicken Sie zum Horizont. Die sieben Sterne, die den Großen Wagen bilden, leuchten so hell, dass Sie sie entdecken und sicher identifizieren werden. Wenn Sie den Wagen über Monate hinweg immer zur selben Zeit betrachten, werden Sie bemerken, dass er am Himmel immer ein Stückchen höher steigt. Im Winter, am 15. Februar, werden Sie ihn im Nordosten, in der Mitte zwischen Horizont und Zenit wiederfinden. Im Frühling, am 15. Mai, werden Sie ihn sehr hoch am Himmel, fast im Zenit sehen und im Sommer, am 15. August, wird er wieder auf halbe Höhe herabgesunken sein, dieses Mal jedoch in Richtung Nordwesten.
Der Große Wagen bzw. der Große Bär, von dem der Wagen einen Teil darstellt, wird uns nun als Ausgangssternbild dienen und

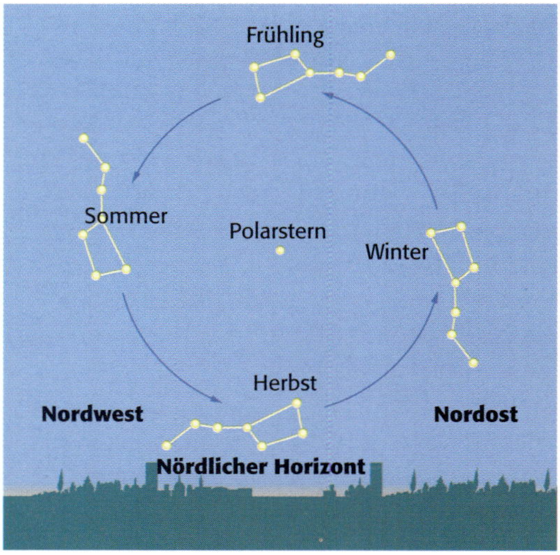

Der Große Wagen scheint in rund 24 Stunden einen kompletten Kreis um den Polarstern zu beschreiben und, wenn man den Himmel jeden Abend zur selben Zeit beobachtet, einen weiteren in einem Jahr (Drehung der Erde um die Sonne).

diese Wahl hat einen einfachen Grund: Da es sich um ein zirkumpolares Sternbild handelt (es kreist am Himmel in der Nähe des Polarsterns), geht der Große Bär niemals unter. Als ständiger Wegweiser am Himmel ist er stets zu sehen, ganz gleich zu welcher Nacht- oder Jahreszeit.

Vom Großen Wagen zum Polarstern

Mithilfe des Großen Wagens können wir den Polarstern ausfindig machen. Im April oder Mai müssen Sie die linke „Seite" des Stieltopfes um ein Fünffaches nach unten

ORIENTIERUNG OHNE KOMPASS

Wenn man den Polarstern ausfindig macht, weiß man immer, wo Norden ist. Der nördliche Himmelspol befindet sich zwischen dem Polarstern und dem Großen Wagen, ein Grad – das entspricht dem doppelten scheinbaren Durchmesser des Vollmonds – vom Polarstern entfernt. Wenn Sie es genauer wissen möchten, merken Sie sich, dass der Himmelspol sich auf der Linie befindet, die den Polarstern mit Zeta des Großen Bären verbindet.
Wenn der Polarstern und der Große Wagen übereinander stehen, zeigt der Polarstern genau nach Norden.

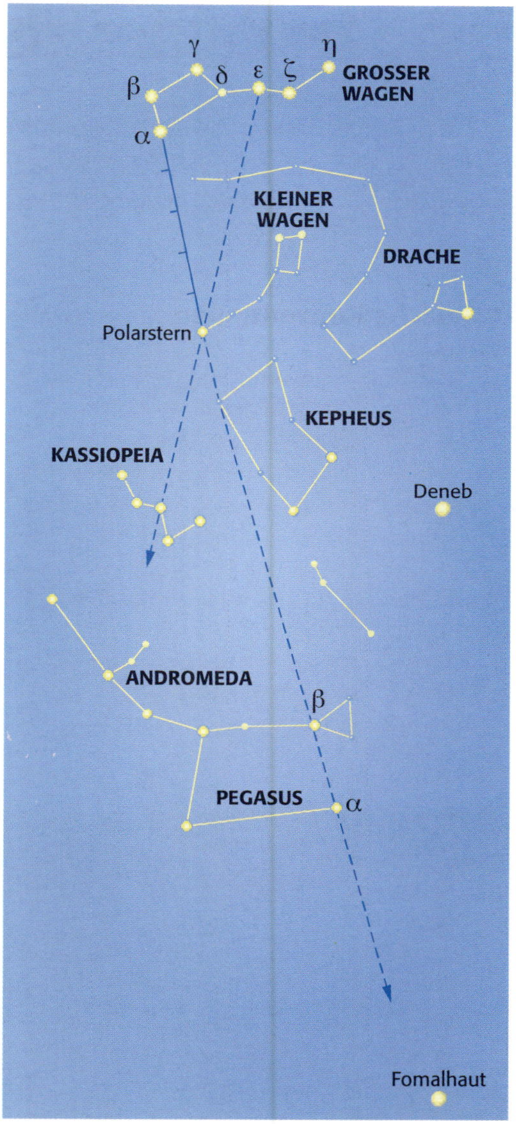

Vom Großen Wagen ausgehend lässt sich der Polarstern finden, wenn man die Beta-Alpha-Linie um ein Fünffaches verlängert. Dieselbe Linie nochmals verlängert, trifft auf Beta und Alpha im Pegasus, bevor sie im Stern Fomalhaut endet.

verlängern: Diese Linie führt zum Polarstern. Erwarten Sie nicht, einen hell leuchtenden Stern zu entdecken. Seine einzige Besonderheit besteht darin, dass er seine Position fast nicht verändert, als wäre er ein Himmelsleitpunkt.
Der Polarstern ist der Anfangspunkt des Kleinen Bären, eines weiteren kleinen Stieltopfs aus sieben Sternen, die nur schwach leuchten, mit dem Fernglas aber meist gut zu sehen sind.

Der Große Wagen und Kassiopeia

Kehren Sie zum Großen Wagen zurück und ziehen Sie von der Deichsel des Wagens in Gedanken eine gerade Linie durch den Polarstern. Wenn Sie diese Linie um etwa die gleiche Länge fortführen, werden Sie ein großes W erkennen: Dies ist Kassiopeia, die im Herbst, wenn der Große Bär sich nahe am Horizont befindet, hoch oben am Himmel steht, und im Mai, wenn der Große Bär sich hoch oben befindet, am Horizont steht.

Verbindungslinien und Anhaltspunkte

Ein bekanntes Sternbild kann also als Ausgangspunkt für eine Reihe gedachter gerader oder gewölbter Linien dienen, die helfen, die anderen Sternbilder oder auch helle Sterne zu finden, die wiederum als Anhaltspunkte dienen. Dies nennt man in der Astronomie die „Linienmethode". Die Linien müssen dazu nicht exakt treffen.

Die Sterne, Leitpunkte des Himmels

Ganz gleich, ob sie nun zu bekannten Sternbildern gehören oder nicht, wir können uns anhand der Sterne orientieren. Je nach Klarheit und Dunkelheit des Himmels ist eine größere oder kleinere Anzahl sichtbar. Sie sind die Leitpunkte des Himmels.

Wie viele Sterne kann man sehen?

Die Milchstraße, unsere Heimatgalaxie, umfasst mindestens 100 Milliarden Sterne! Der größte Teil davon bleibt allerdings unsichtbar. Die Zahl der Gestirne, die man gleichzeitig sehen kann, ist wesentlich geringer: Es gibt nur 7700 Sterne, die auf beiden Himmelshalbkugeln gleichzeitig mit bloßem Auge erkennbar sind. Da aber ein großer Teil des Lichts der schwach leuchtenden Sterne nahe am Horizont durch die Erdatmosphäre verschluckt wird, sehen wir in einer klaren, mondlosen Nacht höchstens 2600 Sterne. In Großstädten, wo die schwach leuchtenden Sterne niemals beobachtet werden können, sind lediglich 100 bis 150 Sterne gleichzeitig zu erkennen.

Sterne in allen Farben

Haben Sie bemerkt, dass die Sterne unterschiedlich gefärbt sind? Dies lässt sich umso besser feststellen, je heller ein Gestirn leuchtet. Sirius, der hellste Stern am Himmel, ist weiß. Wega ist blau, Kapella gelb, Arktur und Aldebaran sind orange und Antares ist rot. Diese unterschiedliche Färbung entsteht durch die unterschiedliche Temperatur der Sternoberflächen. Die blauen Sterne sind die heißesten (von 10 000 bis 30 000 °C), die weißen haben etwa 8000 °C, die gelben 6000 °C (wie die Sonne), die orangefarbenen 4500 °C und die roten 3000 °C.

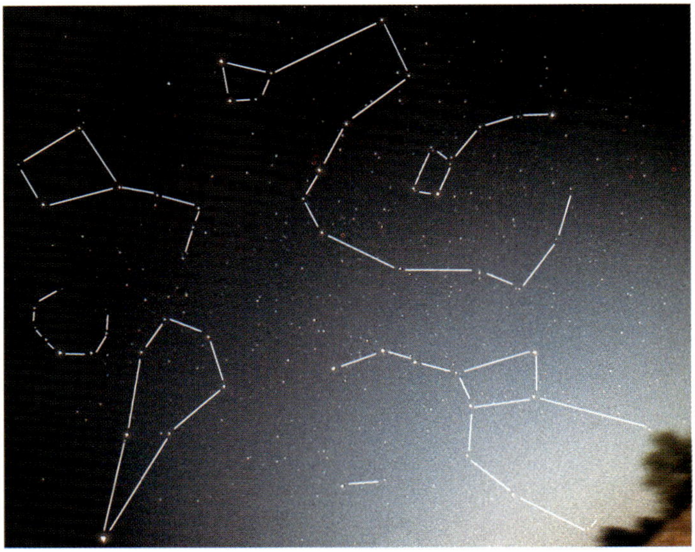

Der Große Bär, der Kleine Bär und der Drache (vgl. S. 15) gehören zu den zirkumpolaren Sternbildern am Nordhimmel, die bei uns niemals untergehen.

Von der Sonne bis zu den Glühwürmchen

Zurückgehend auf Hipparch, einen griechischen Astronomen des 2. Jahrhunderts v. Chr., teilt man die Sterne in sechs Helligkeitsstufen oder „Größenklassen“ ein. Die hellsten Sterne wurden als Sterne „erster Größe“, die lichtschwächsten, die mit dem bloßen Auge gerade noch zu sehen waren, als

KOORDINATEN AM HIMMEL

Viele Astronomen hangeln sich nicht durch gedachte Verbindungslinien von Stern zu Stern, wenn sie ein bestimmtes Objekt finden wollen. Sie orientieren sich vielmehr an einem Koordinatennetz am Himmel, das – ähnlich wie das geografische System der Erde – durch zwei Koordinaten bestimmt ist: Es gibt sozusagen eine himmlische Länge und eine himmlische Breite. Die Länge heißt hier Rektaszension und die Breite nennt man Deklination. Die Suche eines Objektes nach Koordinaten ist neben der Orientierung an bekannten Sternen und Sternbildern eine zweite Möglichkeit, wie man es sicher finden kann. Denn durch die Angabe der Koordinaten ist die Position eines Gestirns am Himmel eindeutig charakterisiert.
Die Deklination entspricht der geografischen Breite, sie wird vom Himmelsäquator ausgehend von 0° bis 90° zu den Polen gezählt. Ein Objekt mit einer Deklination von 45° liegt also auf halber Höhe zwischen dem Himmelsäquator und dem Himmelspol.
Die Rektaszension entspricht der geografischen Länge, sie wird vom Frühlingspunkt (dem Punkt am Himmel, in dem die Sonne zu Frühlingsbeginn steht) nach Osten gezählt und läuft einmal um das ganze Himmelsgewölbe herum. Gezählt wird allerdings in Stunden und Minuten. Der Frühlingspunkt liegt also bei 0 Uhr Rektaszension.
So lässt sich auch die so genannte „Sternzeit" bestimmen: Sie gibt die Rektaszension derjenigen Gestirne an, die gerade den südlichen Meridian durchschreiten.

Sterne „sechster Größe“ bezeichnet. In neuerer Zeit hat man eine mathematischere Skala mit diesem Prinzip definiert, bei der die Helligkeit eines Sterns der Größe eins um das 100fache größer ist als die eines Sterns der Größe sechs. Zwischen den Helligkeiten der Sterne von einer Größe zur nächsten besteht somit ein Verhältnis von 2,5. Nun stellte man aber fest, dass es auch Gestirne gibt, die heller leuchten als die Sterne erster Größe. Man musste daher eine Größe 0 und eine Größe –1, –2 usw. einführen. Sirius, der hellste Stern, hat die Größe –1,5, und seine Leuchtkraft ist 1000-mal größer als die der schwächsten, mit dem bloßen Auge noch sichtbaren Sterne.
Der Planet Venus kann die Größe –4,4 erreichen: Er ist ein wahres Leuchtfeuer am Himmel! Der Vollmond erreicht –12,7 und die Sonne –26,8 auf derselben Skala. Die schwächsten Sterne, die von Teleskopen erfasst werden können, haben eine Größe von +24. Verglichen mit der Sonne, sind sie nicht einmal so hell wie Glühwürmchen aus 10 km Entfernung ...

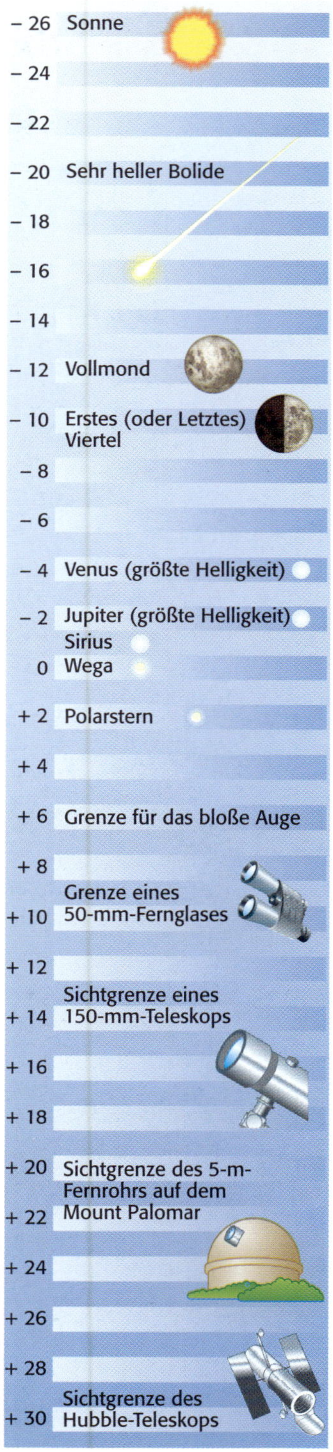

Von der Sonne bis zu den lichtschwächsten Himmelskörpern, die mit den leistungsfähigsten Teleskopen noch zu erkennen sind, umfasst die Skala der Helligkeitsstufen 57 Größenklassen.

Was sind die Sterne?

Die Größe und die Farbe der Sterne sowie die Erforschung ihres Spektrums geben uns Aufschluss über ihre Zusammensetzung und ihre Ausmaße – darüber also, was sie wirklich sind.

Völlig verschieden

Blaue, Zwerge, rote, weiße, Riesen, aber auch Alphas, Omegas oder Gammas ... Bevor Sie lernen, die Sterne während ihrer abendlichen Beobachtungen mit bloßem Auge oder mit dem Fernglas genau voneinander zu unterscheiden, scheint es notwendig, ein wenig das Vokabular zu erklären, das teils der Astronomie, teils der Astrophysik (die vor allem aus den Spektren der Gestirne Informationen ableitet) entnommen ist.

Zunächst sei gesagt, dass ein Stern eine Sonne ist, eine riesige mehr oder weniger dichte, mehr oder weniger heiße Gaskugel, in deren Innerem gewaltige, so genannte „thermonukleare" Atomreaktionen ablaufen, die sie zum Leuchten bringen.

Ein Spektrum erhält man bei der Zerlegung eines Lichtstrahls mithilfe eines optischen Systems aus Prismen oder Beugungsgittern. Es sieht bei Sternen aus wie ein schmales farbiges Band, das stellenweise schwarze Streifen aufweist. Die Streifen charakterisieren die chemischen Elemente ebenso eindeutig, wie die Fingerabdrücke ein Individuum.

Temperatur und Baustoffe der Sterne

Wenn man Hunderte von Spektren genau untersucht, stellt man fest, dass alle Sterne mehr oder weniger dieselben Stoffe enthalten. Fast alle bestehen aus Wasserstoff, Helium, Kohlenstoff, Kalzium und aus Metallen. Aber die Spektralcharakteristik der Sterne variiert, sie ist abhängig von der Temperatur des Sterns. So zeigen uns die Spektren unserer Sonne hauptsächlich die Streifen von Kalzium, Wasserstoff und Metallen.

In ihrem Inneren läuft unter hohem Druck die Verschmelzung von Wasserstoffkernen zu Heliumkernen ab. Aufgrund unserer Physikkenntnisse wissen wir, dass diese Reaktionen bei Temperaturen zwischen zehn und 15 Millionen Grad stattfinden. Sterne, die in ihrem Inneren Kohlenstoff, Sauerstoff usw. enthalten, Stoffe also, deren Atomkerne viel schwerer sind als Wasserstoff und Helium, haben Zentraltemperaturen von 100 Millionen Grad und mehr.

Farben und Oberflächentemperaturen

Selbst mit bloßem Auge kann man deutlich erkennen, dass Antares knallrot, Kapella goldgelb und Rigel bläulich ist. Da ein Stern nichts anderes ist als eine starke Glut, ist es nicht schwer, daraus abzuleiten, dass Antares weniger heiß ist als Kapella und vor allem als Rigel. Die Färbung wechselt nämlich bei zunehmender Temperatur von rot zu blau. Astronomen haben auf diese Weise festgestellt, dass die Oberflächentemperaturen der Sterne zwischen 3000 und 30 000 °C liegen.

Warum flimmern die Sterne?

Sicher haben Sie schon Sterne in Horizontnähe flimmern sehen. Ihr Licht scheint zu zittern, als habe es kurze Aussetzer. Diese schnellen Wechsel sind von Farbänderun-

Im Morgengrauen scheinen Mond und Venus dicht beieinander zu liegen. Nun gilt es, Venus nicht aus den Augen zu verlieren, um ihre Bahn am Himmel über den Tag hinweg beobachten zu können.

gen begleitet. Der Grund liegt darin, dass die ausgesendeten Lichtstrahlen in der Erdatmosphäre durch lokale Störungen ungleichmäßig abgelenkt werden. Je näher sich ein Stern am Horizont befindet, desto dicker ist die atmosphärische Schicht, die sein Licht durchdringen muss: Die thermischen Störungen und Wirbel führen dann zu unterschiedlichen Ablenkungen.
Man hat festgestellt, dass das Flimmern vor allem dann auftritt, wenn die Feuchtigkeit in der Atmosphäre zunimmt, weswegen es manchmal als Vorbote für schlechtes Wetter interpretiert wird. Das Flimmern ist auch umso ausgeprägter, je lebhafter der Wind weht.

Kann man die Sterne am helllichten Tag sehen?

Da die Sonne die Moleküle unserer Atmosphäre beleuchtet, können wir die Sterne am Tag nicht sehen. Höchstens die Planeten Venus und Jupiter und der Stern Sirius können sich manchmal vor dem blauen Hintergrund des Himmels abzeichnen, vor allem dann, wenn dieses Blau ziemlich dunkel ist. Wenn man ihre Position genau kennt, kann man sie mitten am Tag entdecken, indem man sie mit dem Fernglas oder sogar mit einem einfachen Rohr sucht, dessen Innenwand zum Schutz des Auges vor Blendung schwarz gefärbt ist. Ein optisches Gerät erhöht die scheinbare Leuchtkraft der Sterne und reduziert das blaue Strahlen des Himmels im Hintergrund beachtlich. Ein Spektiv oder ein kleines Fernrohr lassen tagsüber manchmal die hellsten Sterne oder sehr helle Planeten erkennbar werden, wenn der Himmel sehr klar ist. Eine sichere Methode, Venus (oder Jupiter) am Tag zu beobachten, besteht darin, mit der Beobachtung vor Sonnenaufgang zu beginnen, wenn der Planet gut zu sehen ist, und sie dann über mehrere Stunden hinweg fortzusetzen.

Die interstellaren Entfernungen

Die Sterne sind unglaublich weit entfernt. Kein auf der Erde gängiges Maß kann einen Eindruck ihrer Entfernungen vermitteln, und die großen Zahlen, mit denen die Entfernungen ausgedrückt werden, haben für uns keine fassbare Bedeutung.
Das Maß, das die Astronomen meist verwenden, ist das Lichtjahr, jene Strecke, die ein Lichtstrahl innerhalb eines Jahres mit einer Geschwindigkeit von 300 000 km/s (Lichtgeschwindigkeit) auf direktem Weg zurücklegt. In 1,25 Sekunden überwindet er die Entfernung Mond – Erde; in acht Minuten und 18 Sekunden gelangt er von der Sonne zur Erde. Um aber den Abgrund zu unserem nächsten Nachbarstern zu durchqueren, zu Proxima Centauri, der nur auf der Südhalbkugel der Erde zu sehen ist, braucht der Lichtstrahl vier Jahre und vier Monate. Was ist ein Lichtjahr in Kilometern ausgedrückt?

Die Andromeda-Galaxie, die 3 Millionen LJ entfernt und mit dem bloßen Auge zu sehen ist, ist seit sehr langer Zeit bekannt.

9460 Milliarden und 610 Millionen Kilometer ... Diese Zahl wird im Allgemeinen auf 10 000 Milliarden Kilometer gerundet. Der 4,2 Lichtjahre (LJ) von uns entfernte Proxima Centauri befindet sich also etwa 42 000 Milliarden Kilometer weit weg.

Von den nahen zu den entferntesten Sternen

Etwa 40 Sterne sind weniger als 15 LJ von uns entfernt. Sirius im Großen Hund, der hellste Stern, den wir am Nachthimmel entdecken können, ist 8,7 und Prokyon im Kleinen Hund 11,4 LJ entfernt. Aber Wega in der Leier befindet sich bereits 26,5 LJ, Arktur im Rinderhirten 37, Kapella im Fuhrmann 45, Antares im Skorpion 350, Rigel im Orion 660 und Deneb im Schwan 2000 LJ von uns entfernt.
Die entferntesten Sterne der Milchstraße sind mindestens 65 000 LJ entfernt, und die Andromeda-Galaxie befindet sich in einer Entfernung von rund 3 Millionen LJ. Angesichts dieser gigantischen Zahlen überkommt uns der Schwindel der Unendlichkeit ...
Die Astronomen machten eine weitere erstaunliche Feststellung: Alles, was im Weltall geschieht, deutet darauf hin, dass es grob zwei Sterntypen gibt: die blauen, die alle etwa nach dem gleichen Muster gebaut zu sein scheinen, und die gelbroten, von denen es zwei Unterarten gibt, eine kleine und eine sehr große. Anders ausgedrückt: Bei diesen Sternen gibt es Zwerge und Riesen. Und sogar Rote Überriesen, die noch gigantischer sind! Epsilon im Fuhrmann hat beispielsweise einen 2700-mal größeren Durchmesser als die Sonne, aber seine Dichte ist so gering, dass man seinen Begleitstern durch ihn hindurch sehen kann!
Andererseits gibt es noch eine Art von „Sternen“, die wesentlich kleiner ist als unsere Sonne, die Weißen Zwerge wie beispielsweise den Begleiter von Sirius, dessen

Durchmesser nur 10 400 km beträgt, der jedoch eine Dichte von etwa einer Tonne pro Kubikzentimeter aufweist!
Unser Verstand, der auf das beschränkt ist, was uns auf der Erde begegnet, ist nicht geeignet, sich solche Phänomene vorzustellen, genau so wenig übrigens wie das der Novae: Sterne, die plötzlich explodieren und dabei um ein Zehntausendfaches mehr Licht und Wärme ausstrahlen als zuvor. Ganz zu schweigen von den Supernovae, deren Strahlung so hell ist, dass man sie sogar tagsüber erkennen könnte!

Ein wenig Griechisch und Latein

Außer dem griechischen Alphabet, das dazu dient, die einzelnen Sterne eines Sternbilds zu bezeichnen, müssen Hobby-Astronomen auch einige – einfache – Worte Latein lernen, die ihnen angeben, zu welchem Sternbild ein Stern gehört.
Der Polarstern beispielsweise heißt *Alpha Ursae Minoris*, was „Alpha des Kleinen Bären" bedeutet. Dem griechischen Buchstaben folgt der lateinische Genitiv des Sternbildnamens. Im Nominativ heißt der Kleine Bär *Ursa Minor*, abgekürzt UMi.

Lernen Sie das griechische Alphabet

Um einen einzelnen Stern auf einer Karte zu bezeichnen, hatte der deutsche Astronom Johann Bayer 1603 die Idee, die Buchstaben des griechischen Alphabets zu verwenden. In jedem Sternbild wurde der hellste Stern mit Alpha, der zweithellste mit Beta, dann mit Gamma, Delta ... bis Omega bezeichnet. Daher sehen Sie auf allen Sternbildkarten griechische Buchstaben neben den Sternen.

α	Alpha
β	Beta
γ	Gamma
δ	Delta
ε	Epsilon
ζ	Zeta
η	Eta
θ	Theta
ι	Iota
κ	Kappa
λ	Lambda
μ	Mü
ν	Nü
ξ	Xi
ο	Omikron
π	Pi
ρ	Rho
σ	Sigma
τ	Tau
υ	Ypsilon
φ	Phi
χ	Chi
ψ	Psi
ω	Omega

Vom aktuellen Zustand des Himmels wissen wir nichts

Aufgrund der „langsamen" Lichtausbreitung im Weltraum sehen wir keines der Gestirne so, wie es heute ist, sondern so, wie es war, als der nun ankommende Lichtstrahl von ihm ausgesandt wurde.
Also sehen wir den Himmel nicht, wie er gerade aussieht, sondern wie er in der Vergangenheit aussah. Wenn die Gesamtheit der Sterne heute ausgelöscht würde, könnten wir sie noch weitere vier Jahre ohne jegliche Veränderung sehen, erst dann würden die nächsten Sterne nach und nach verlöschen. Selbst in tausend Jahren noch wären genügend Sterne sichtbar, um daraus Sternbilder zu bilden.
Wir nehmen also lediglich die Vergangenheit der Gestirne wahr. Jene Nova, die wir meinen, heute explodieren zu sehen, hat sich vielleicht schon vor Tausenden von Jahren in eine kleine helle Wolke verwandelt. Und wenn ein Astronom mit einem Teleskop die Andromeda-Galaxie beobachtet, so erblickt er sie so, wie sie vor drei Millionen Jahren aussah, als das Licht von ihr, das heute bei uns ankommt, ausgesandt wurde ...

Himmelskarten

Ein unverzichtbares Werkzeug zur Orientierung am Nachthimmel sind die Himmelskarten. Mit ihnen können Sie das benennen, was Sie mit bloßem Auge sehen und die Beobachtung der Sterne und der Planeten sehr erleichtert.

Wozu Karten?

Der Himmel dreht sich nicht nur in einer Nacht; er verändert sich auch von Monat zu Monat. So scheint die Sonne Abend für Abend vor dem bestirnten Hintergrund der Tierkreissternbilder ein Stück weiter von Westen nach Osten zu rücken. Um ihren Lauf zu verfolgen, verwendet man spezielle Karten: „Karten des Äquatorialstreifens“ (vgl. S. 52 – 55) oder der Ekliptik.
Da sich der Himmel innerhalb von rund 24 Stunden um die Erdachse zu drehen scheint, beschreibt er anderseits in einer Stunde den 24. Teil einer Umdrehung und in zwei Stunden den 12. Teil davon. Bei 12 Monaten im Jahr entspricht diese Verschiebung also zwei Stunden im Monat. Der Himmel sieht daher am 15. Juli um 2 Uhr nachts genauso aus wie am 15. August um Mitternacht oder am 15. September um 22 Uhr usw. Von einer Jahreszeit zur nächsten hat sich das Aussehen des Himmels zur selben Uhrzeit also verändert, und um sich zu orientieren, verwendet man zwei verschiedene Kartentypen: „Jahreszeitliche Karten“ und „Drehbare Sternkarten“.

Karten des Äquatorialstreifens

Hierbei handelt es sich um rechteckige Karten in Form eines langen Bandes oder aus zwei zusammensetzbaren Teilen. In der Länge deckt eine Karte 360° der Himmelskugel ab, und in der Höhe 30° in beide Richtungen des Himmelsäquators. Sie schließt also die Tierkreissternbilder ein, in denen sich die leuchtenden Planeten, der Mond und die Sonne bewegen. Die Hälfte dieses Bandes ist theoretisch die ganze Nacht hindurch über dem Horizont sichtbar.

Zwei Hemisphärenkarten

Wie man den Erdglobus auf zwei Halbkugeln darstellt, kann man eine Darstellung in gleicher Weise für den Himmel vornehmen. Der Umfang einer jeden auf einen Kreis projizierten Kugel ist der Himmelsäquator, der Polarstern befindet sich in der Mitte des nördlichen Kreises und das Kreuz des Südens nicht allzu weit entfernt von der Mitte des südlichen Kreises. Bei diesen Karten ist es schwer, den lokalen Horizont zu finden, und der Gürtel der Tierkreissternbilder ist auseinander gerissen, da er auf zwei Karten aufgeteilt ist. Daher eignen sich diese Karten nicht so gut für Neueinsteiger.

Halbkreisförmige Jahreszeitenkarten

Um das gesamte Himmelsgewölbe darzustellen, das zu einer bestimmten Uhrzeit an einem bestimmten Tag zu sehen ist, benötigt man zwei halbkreisförmige Karten: Eine gibt die Ansicht nach Süden wieder, und die andere jene Ansicht, die sich Ihnen präsentiert, wenn Sie nach Norden schauen. Diese Karten werden im Kapitel *Der Himmel im Lauf der Jahreszeiten* vorgestellt.

Drehbare Sternkarten

Angenommen, Sie haben sich die Position eines hellen Sterns wie Wega oder Arktur zu einem bestimmten Zeitpunkt des Jahres eingeprägt. Wenn Sie ihn einige Monate später um dieselbe Zeit wieder suchen, werden Sie ihn nicht mehr an der gleichen Stelle wiederfinden. Dann müssen Sie sich entweder mithilfe der halbkreisförmigen Jahreszeitenkarten orientieren oder eine drehbare Sternkarte verwenden. Mit dieser können Sie die scheinbare Verschiebung der Position der Sternbilder von einer Stunde zur nächsten und von einem Monat zum nächsten verfolgen. Drehbare Karten haben einen doppelten Vorteil: Man kann sie leicht mitnehmen, und sie zeigen nur die Sterne, die an einem bestimmten Tag des Jahres zu sehen sind, zu dem Zeitpunkt, an dem Sie sie beobachten. Die anderen Sterne bleiben unter dem Papprahmen verborgen.

Wie verwendet man eine drehbare Sternkarte?

Die Rundung, an deren äußerem Rand die vier Himmelsrichtungen angegeben sind, stellt den Horizont dar. Der Drehpunkt der Karte ist der Polarstern, um den sich der Himmel dreht. Ein Fenster grenzt den Teil des Himmelsgewölbes ein, der zu einem bestimmten Zeitpunkt sichtbar ist. Die Karte ist unter einer Maske drehbar und, um Uhrzeit und Datum der Beobachtung einzustellen, muss man sie lediglich so drehen, dass die entsprechenden Angaben der Skalen übereinander stehen. Wenn Sie die Karte nach den angegebenen Himmelsrichtungen ausrichten, sehen Sie das aktuelle exakte Abbild des Sternenhimmels.

Die Sternkarte für Einsteiger *ist eine drehbare Sternkarte, die den bei uns sichtbaren Himmelsausschnitt zu jeder Abendstunde über das ganze Jahr zeigen kann. Eine solche Karte ist bei der Beobachtung sehr zu empfehlen.*

Der Himmel im Lauf der Jahreszeiten

Tipps für die Beobachtung

Es ist nicht schwer, das Firmament zu sehen: Man muss dazu nur den Kopf heben. Um es aber mit bloßem Auge oder mit dem Fernglas zu beobachten, um Sterne, Planeten oder andere Himmelskörper erkennen und benennen zu lernen, braucht man hingegen eine Anleitung.

Wann beobachte ich?

Haben Sie gewusst, dass Ihr größter Feind der Mond ist, genauer gesagt, das Mondlicht? Bei Vollmond werden Sie keine guten Beobachtungen anstellen können: Die allgemeine Helligkeit ist zu groß, Sie werden die lichtschwachen Sterne nicht finden können, und es ist sehr schwer, die Sternbilder zu erkennen. Beim Ersten Viertel ist die Situation etwas günstiger, aber der Mond stört die Beobachtungen noch immer. Beim Letzten Viertel und bei Neumond hingegen wird es gegen Ende der Abenddämmerung völlig dunkel sein.

Nach Sonnenuntergang sollten Sie zwei Stunden warten, bevor Sie mit Ihren Beobachtungen beginnen. Im Juni und Juli ist die optimale Zeitspanne also sehr kurz.

Was werde ich heute sehen?

Wie Sie bereits wissen, sind nicht alle Gestirne gleichzeitig zu sehen, da sich der Himmel dreht. Das Sternbild, das im August gegen Mitternacht im Süden ganz unübersehbar am Himmel steht, wird im Januar verschwunden sein. Wenn Sie den Himmel täglich um Mitternacht beobachten, können Sie der gesamten Parade der Sternbilder über das Jahr hinweg beiwohnen. Versuchen Sie daher, Ihre Beobachtungen vorzubereiten, indem Sie eine drehbare Sternkarte zu Hilfe nehmen, um zu erfahren, was Sie am heutigen Abend sehen können und was nicht.

Von wo aus beobachte ich am besten?

Der ungeeignetste Platz ist der am Fenster Ihrer Wohnung. Selbst auf einem Balkon oder einer Terrasse werden Sie durch die Straßenbeleuchtung oder erleuchtete Fenster gestört. In einem kleinen Garten am Stadtrand sind die Bedingungen besser, wenn Sie dort vor Autoscheinwerfern geschützt sind, da die Dunkel-Sehfähigkeit nach jedem Störlicht stark beeinträchtigt ist.

Ideal ist es, sich an einem abgelegenen dunklen Ort auf dem flachen Land oder auf einem Hügel einzurichten, oder manchmal auch an der Küste, nachdem sich der Nebel dort aufgelöst hat.

Wie beobachte ich?

Gewöhnen Sie sich etwa 20 Minuten an die Dunkelheit, falls Sie aus einem sehr hell erleuchteten Raum kommen. Ihre Pupillen werden sich bis zu einem Durchmesser von 7 mm öffnen und Ihre Sehschärfe wird beträchtlich zunehmen. Wenn Sie auf eine Sternkarte schauen, bedecken Sie Ihre Taschenlampe mit rotem Stoff oder pinseln Sie roten Nagellack auf das Glas. Da die Augen für rotes Licht wenig sensibel sind, werden Sie so nicht geblendet.

Machen Sie es sich bequem. Im Sommer und im Herbst ist ein Liegestuhl durchaus angebracht. Sie können sich auch auf eine Decke oder Luftmatratze legen, vor allem, wenn Sie künstliche Satelliten oder Sternschnuppen beobachten wollen. Decken Sie sich

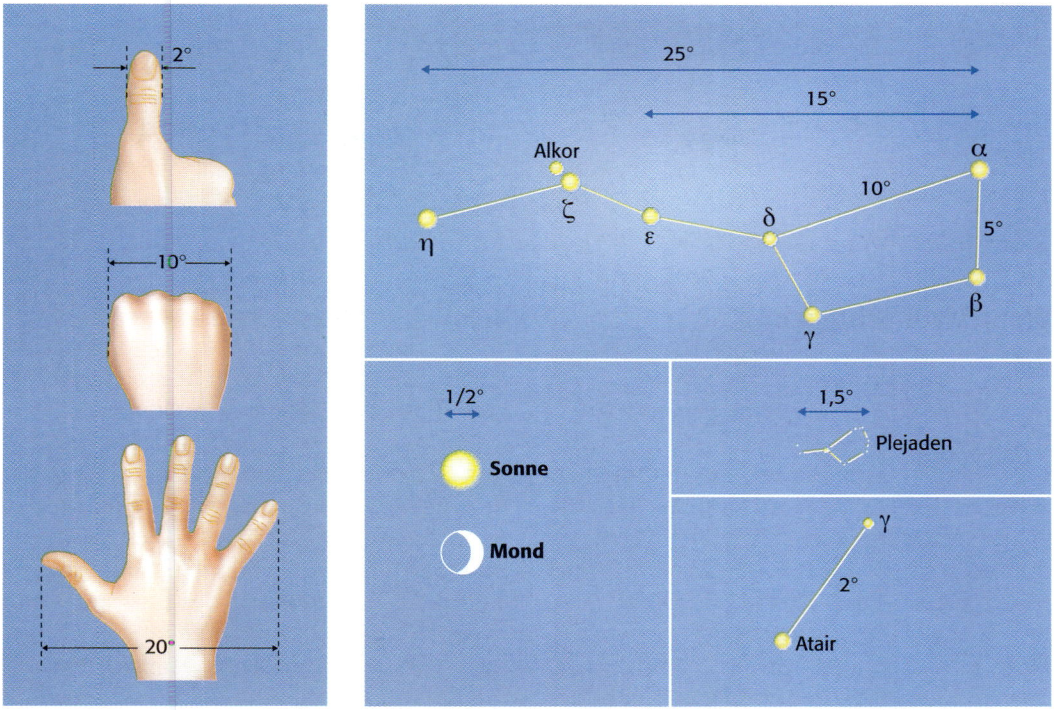

Messen von Winkelentfernungen am Himmel mithilfe der Hand und einiger einfacher Orientierungsobjekte.

aber auch in der warmen Jahreszeit ausreichend zu.

Wie schätze ich die Winkelentfernungen am Himmel ab?

Einer Umdrehung entsprechen 360°. Der Himmelssektor, den man von einem Punkt zum exakt gegenüberliegenden Punkt beobachten kann, nimmt also 180° ein, und die Entfernung zwischen einem Punkt am Horizont und dem Zenit beträgt 90°. Wenn man dies gedanklich halbiert, kann man sich einen Winkelabstand von 45° vorstellen. Aber wie soll man vorgehen, um kleinere Winkel abzuschätzen?
Ganz einfach: Strecken Sie den Arm aus und schließen Sie die Hand zur Faust. Die Winkelausdehnung der Faust beträgt etwa 10°. Wenn Sie die Hand öffnen und die Finger so weit wie möglich spreizen, beträgt der Winkelabstand zwischen der Daumenspitze und der Spitze des kleinen Fingers etwa 20°. Sie können sich auch an der Fingerbreite orientieren: Die Breite des Daumens entspricht etwa 2°, während die des Zeigefingers ungefähr 1° entspricht. Auf diese Weise können Sie die Entfernung zwischen einem Planeten und einem nahe stehenden Stern messen.

Einige Orientierungshilfen am Himmel

Der kleinste Winkelabstand, den unser Auge wahrnehmen kann, beträgt 1' (Bogenminute). Dies entspricht einem Knopf mit 1 cm Durchmesser, den Sie in einem Abstand von 34 m vor Ihrem Auge haben. Der Mond erscheint uns mit einem Durchmesser von rund 30'.

Die Sommersternbilder

Die Lust, in die Astronomie einzusteigen, überkommt einen meist in warmen Sommernächten. Dabei ist der Sommer eigentlich nicht die günstigste Jahreszeit für eine erste Himmelserkundung. Dies hat nichts mit den Sternbildern, sondern mit der Durchsicht und der Dunkelheit des Himmels sowie der Luftunruhe zu tun.

Abenddämmerung und Morgengrauen...

Jeder weiß, dass die Nacht nicht plötzlich hereinbricht, wenn die Sonne am Horizont verschwindet. Sie beleuchtet weiterhin die höheren Regionen der Atmosphäre, die ihr Licht noch reflektieren. Diese Helligkeit, die den Tag verlängert, heißt „Abenddämmerung“. Das umgekehrte Phänomen am Morgen ist das „Morgengrauen“. Der Schein der Abenddämmerung bleibt sichtbar, solange die Sonne weniger als 18° unterhalb des Horizonts steht. Im Sommer, um die Sonnenwende, sinkt die Sonne aufgrund der Neigung der Erde in den hohen nördlichen Breiten überhaupt nicht darunter. Über 48° 33’ Breite wird die Abenddämmerung daher nicht von der Nacht abgelöst, sondern direkt von der Morgendämmerung; es wird nicht mehr Nacht. In Deutschland führt diese parallel zum Äquator verlaufende Linie von Kehl nach Passau. Bedenken Sie also, dass die Zeit, die für die nächtliche Beobachtung genutzt werden kann, dann auf etwa vier Stunden begrenzt ist, während sie in der Zeit um Weihnachten bei 12 Stunden liegt. Der erste Teil des Sommers ist somit nicht die ideale Zeit des Jahres für die Himmelsbeobachtung und vor allem nicht für die Astrofotografie, die nahezu vollkommene Dunkelheit erfordert.

Nördlicher Horizont

Ansicht des Sternenhimmels am 15. Juni um 0.30 Uhr, am 15. Juli um 22.30 Uhr, am 15. August um 20.30 Uhr oder am 15. September um 18.30 Uhr (MEZ).

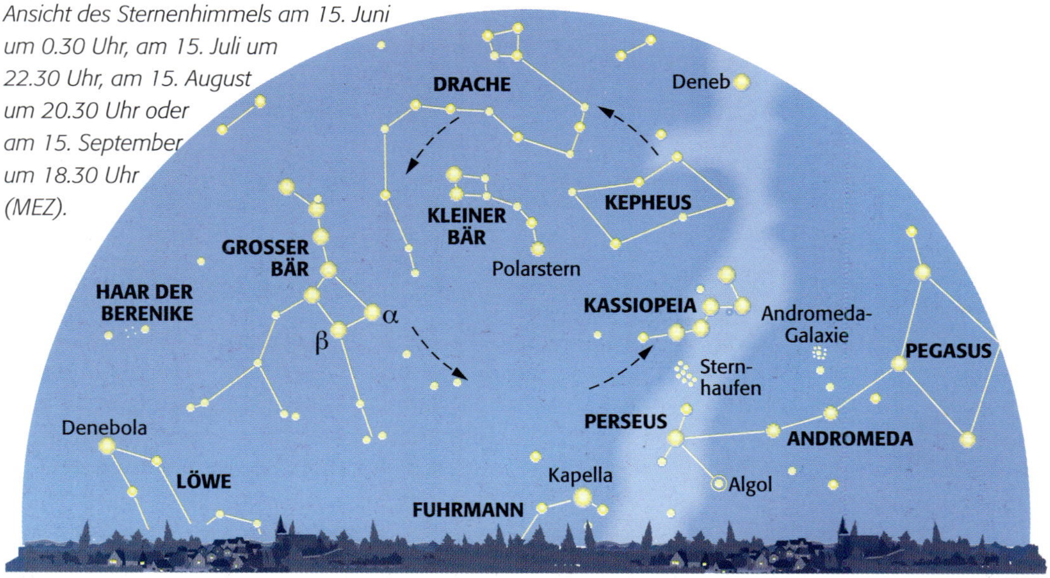

Der Rinderhirte

Wenden Sie sich vor Mitternacht dem nordwestlichen Horizont zu, dann werden Sie die sieben Hauptsterne des Großen Bären finden. Führen Sie den Bogen, den der Schwanz bildet, um dieselbe Länge weiter und Sie treffen auf Arktur, den orange leuchtenden Stern im Sternbild Rinderhirte. Dieses erinnert in seiner Form an einen Flugdrachen.

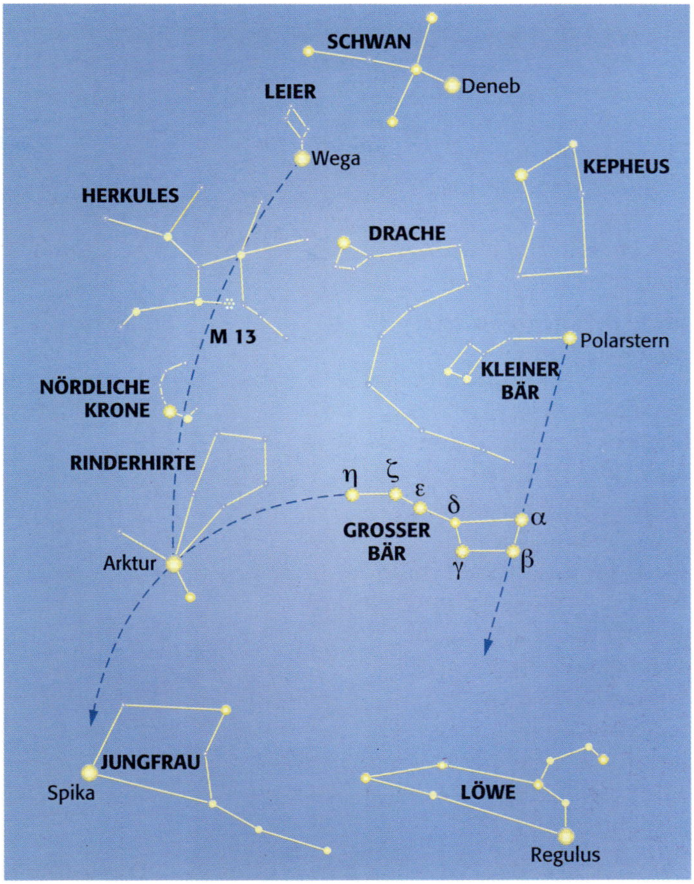

Wenn man den Bogen des Wagens verlängert, gelangt man zu Arktur im Rinderhirten, dann zu Spika in der Jungfrau. Verlängert man die Alpha-Beta-Linie des Großen Bären, findet man den Löwen. Ein weiterer Bogen, der durch Wega in der Leier zu Arktur führt, durchquert die Sternbilder Herkules und Nördliche Krone.

Südlicher Horizont

Anblick des Sternenhimmels an denselben Tagen, zu denselben Uhrzeiten.

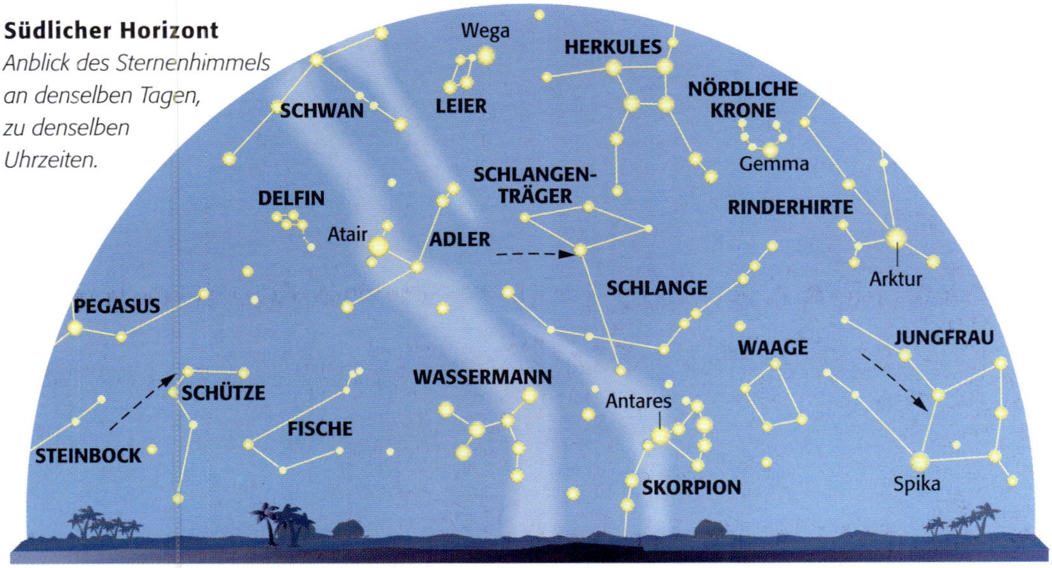

Die Nördliche Krone

Links unterhalb vom höchsten Punkt dieses imaginären Drachens werden Sie sieben ziemlich schwach leuchtende Sterne entdecken, die einen Halbkreis bilden: Dies ist die Nördliche Krone, die man in sehr dunklen Nächten gut erkennen kann. Der hellste Stern, Alpha, der der Größenklasse 2 angehört, heißt Gemma, die Perle.

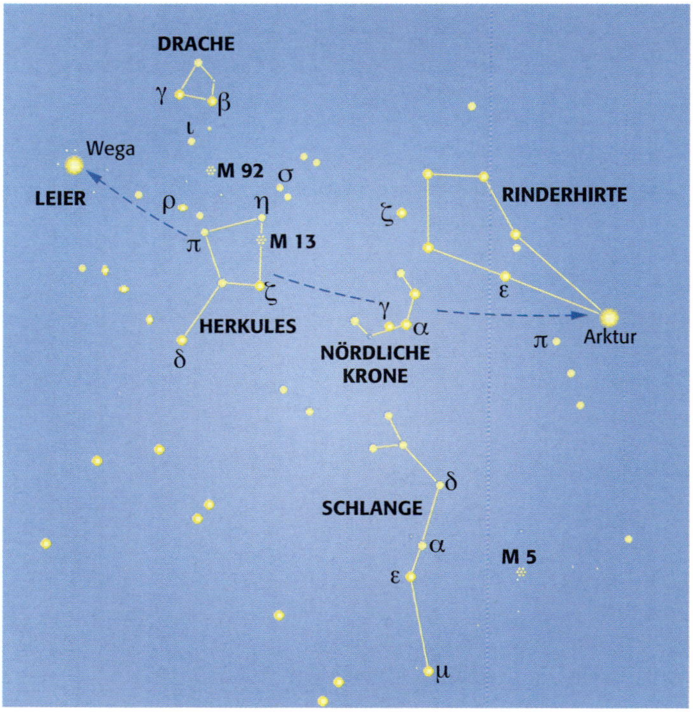

Eine leicht gebogene Linie, die Wega mit Arktur verbindet, führt nacheinander zum Viereck von Herkules und zur Nördlichen Krone.

Herkules

Wenn Sie Arktur in Gedanken mit Gemma verbinden, durchläuft diese Linie ein ziemlich gleichseitiges Rechteck: Herkules, ein Sternbild, das sich hauptsächlich aus vier durchschnittlich hellen Sternen zusammensetzt. Herkules enthält einen der schönsten Kugelsternhaufen des Himmels (vgl. S. 93)

Das Sommerdreieck

Wir wollen zum Großen Bären zurückkehren. Wenn Sie die Linie Gamma-Delta verlängern, verläuft Ihr Blick am Kopf des Drachen vorbei, der sich zwischen den beiden Bären hindurchschlängelt. Dann durchquert er ein großes gleichschenkliges Dreieck, das von Wega, Deneb und Atair gebildet wird, das Sommerdreieck. Etwa in der Mitte des Dreiecks befindet sich Albireo (Beta im Schwan), ein schöner Doppelstern, der mit einem Fernglas getrennt werden kann. Sie werden das auffällige Dreieck problemlos entdecken, wenn Sie sich nach Südosten wenden und den Blick nach oben richten.

Die Leier und ihr Parallelogramm

Der hellste Stern des Sommerdreiecks ist Wega. Sie gehört zum kleinen Sternbild Leier, das neben Wega aus einem regelmäßigen Parallelogramm aus vier ziemlich lichtschwachen Sternen besteht. In den ersten Stunden der Sommernächte zieht Wega in Richtung Zenit. Verwenden Sie die Karte auf S. 73, um den Stern Epsilon in der Leier zu finden: Es handelt sich um einen Doppelstern, den man bei guter Sicht mit bloßem Auge, bei normaler Sicht mit einem Fernglas sehen kann.

Ein Blick zum solaren Apex

Blicken Sie zwischen Wega und dem Herkules-Viereck hindurch: Dort werden Sie keinen

In welcher Reihenfolge tauchen die Sterne auf?

Anfang Juli erscheinen die Sterne erst sehr spät. Arktur durchdringt als erster den Schein der Abenddämmerung gegen 22 Uhr Sommerzeit, es folgen Wega, Deneb, Atair, dann Eta, Epsilon und Zeta (Mizar) des Großen Bären. Danach werden Sie Alpha des Kleinen Bären erscheinen sehen, den Polarstern, Gemma der Nördlichen Krone, Epsilon im Rinderhirten und Gamma im Schwan. Mit dem bloßem Auge oder mit dem Fernglas kann man die Suche nach schwach leuchtenden Sternen erst kurz vor Mitternacht beginnen, wenn es praktisch völlig dunkel ist. Glücklicherweise können die Beobachtungen im August wieder zwei Stunden früher einsetzen.

hellen Stern entdecken. In diese Richtung zieht die Sonne mit allen Planeten mit einer Geschwindigkeit von 20 km/s.

Das Kreuz des Schwans

Deneb, links von Wega, bildet die oberste Spitze eines großen, etwas geknickten Kreuzes, das inmitten der Milchstraße liegt. Der Fuß dieses Kreuzes wird durch Albireo gebildet, einen schönen goldgelben und saphirblauen Doppelstern. Die Gamma-Delta-Linie im Großen Bären kreuzt zunächst fast in rechtem Winkel die Linie Deneb-Wega, um dann das Kreuz des Schwans und die Milchstraße zu durchqueren.

Der Adler neben dem Delfin

Letzter Eckpunkt des Sommerdreiecks ist Atair im Sternbild Adler. Atair, der dem südlichen Horizont am nächsten ist, wird von zwei schwächeren Sternen begleitet, die die Flügel des Vogels darstellen.
Links von Atair, etwa auf gleicher Höhe, werden Sie problemlos eine kleine Raute aus vier ziemlich nahe beieinander stehenden Sternen entdecken: den Delfin. Der Stern Gamma dieses Sternbilds ist einer der schönsten farbigen Doppelsterne am Himmel, orange und grünlich, und mit einem kleinen Fernrohr gut zu beobachten. Am Horizont des Sommerhimmels befinden sich drei Tierkreissternbilder: Waage, Skorpion mit dem roten Antares und Schütze (vgl. auch S. 54 / 55).

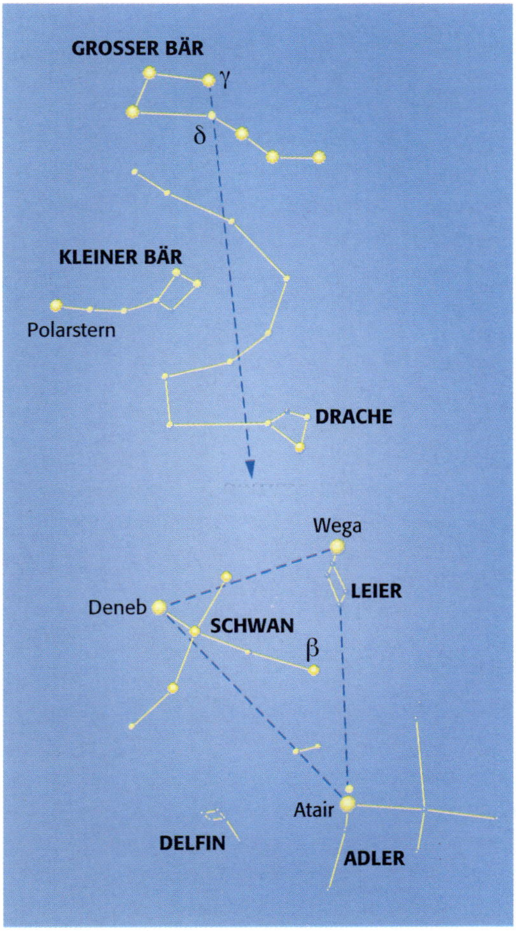

Verlängert man eine Linie, die Gamma und Delta des Großen Bären verbindet, durch den Drachen hindurch, so findet man das große Sommerdreieck aus Wega, Deneb und Atair. Fast im Mittelpunkt des Dreiecks befindet sich Beta im Schwan (Albireo), ein schöner Doppelstern mit den Farben Orange und Blau, den man mit dem Fernglas trennen kann.

Die Herbststernbilder

Vielleicht eignen sich die Monate September und Oktober am besten, um in die astronomische Beobachtung einzusteigen: Es ist häufig schönes Wetter, die Nächte sind schon lang und die Temperaturen für einen längeren Aufenthalt im Freien noch nicht zu niedrig.

Das Pegasus-Viereck und Andromeda

Nutzen wir einen schönen Spätsommerabend im September dazu, das Pegasus-Viereck und seine Umgebung zu erkunden. Bestimmt erinnern Sie sich an jene imaginäre Linie, mit der sich der Polarstern ausgehend von zwei Sternen des Großen Bären finden ließ (s. S. 15). Verlängern Sie sie noch weiter über den Polarstern hinaus, so werden Sie auf das große Pegasus-Viereck stoßen. Genau genommen gehört der vierte Stern, der sich im Viereck links oben befindet, nicht zu Pegasus, sondern zu Andromeda, einem Sternbild, das im Wesentlichen aus drei Sternen in einer leicht gebogenen Linie besteht. Die bekannte Andromeda-Galaxie befindet sich oberhalb dieser Linie (s. S. 93).

Die größte Linie am Himmel

Mithilfe des Sternbilds Pegasus lässt sich in Gedanken die größte Himmelslinie ziehen. Bilden Sie die Diagonale Alpha im Pegasus – Alpha in der Andromeda (s. auch S. 93), führen Sie sie über Alpha im Perseus und Kapella bis hin zu Kastor und Pollux in den Zwillingen weiter. Von November an ist diese Linie jeden Abend vollständig am Himmel zu sehen.

Nördlicher Horizont

Ansicht des Sternenhimmels am 15. September um 22.30 Uhr, am 15. Oktober um 20.30 Uhr oder am 15. November um 18.30 Uhr (MEZ).

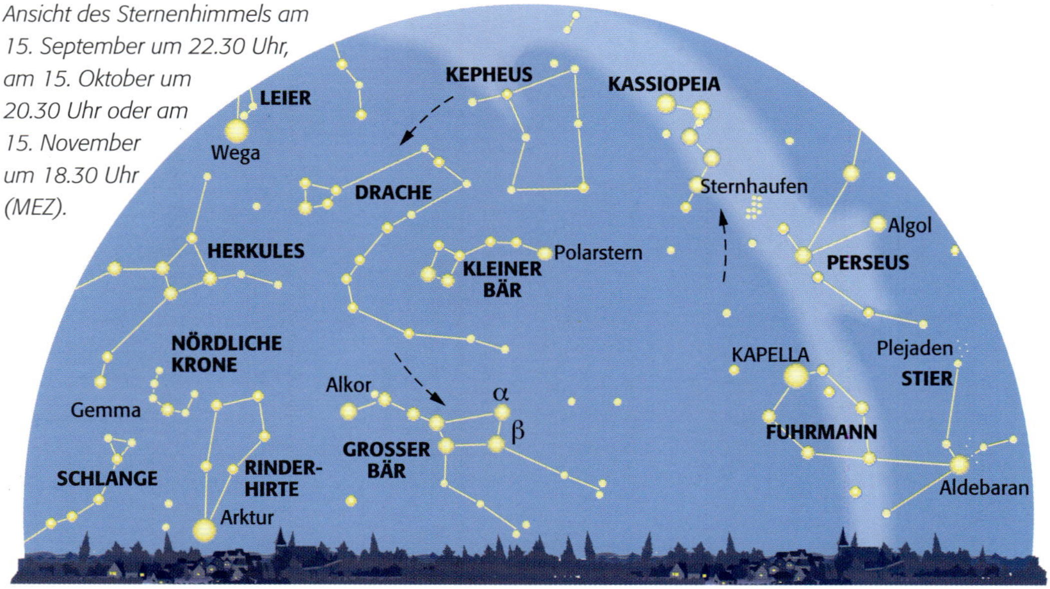

Algol, der Teufelsstern

Suchen Sie mithilfe der Himmelskarte links unten Beta im Perseus oder Algol. Algol bildet ein rechtwinkliges Dreieck mit Alpha im Perseus und Gamma in der Andromeda. Die Besonderheit dieses Sterns besteht darin, dass seine Helligkeit in einem sehr regelmäßigen Zyklus variiert.
Mit etwas Übung wird es Ihnen gelingen, diese Veränderung mit dem Fernglas oder mit dem bloßem Auge zu verfolgen.
Auf Deutsch bedeutet *al gol* „der Teufel". Das seltsame Verhalten dieses eigenartigen Sterns beschäftigt die Astronomen schon seit Jahrhunderten: Seine Helligkeit schwankt zwischen den Größenklassen

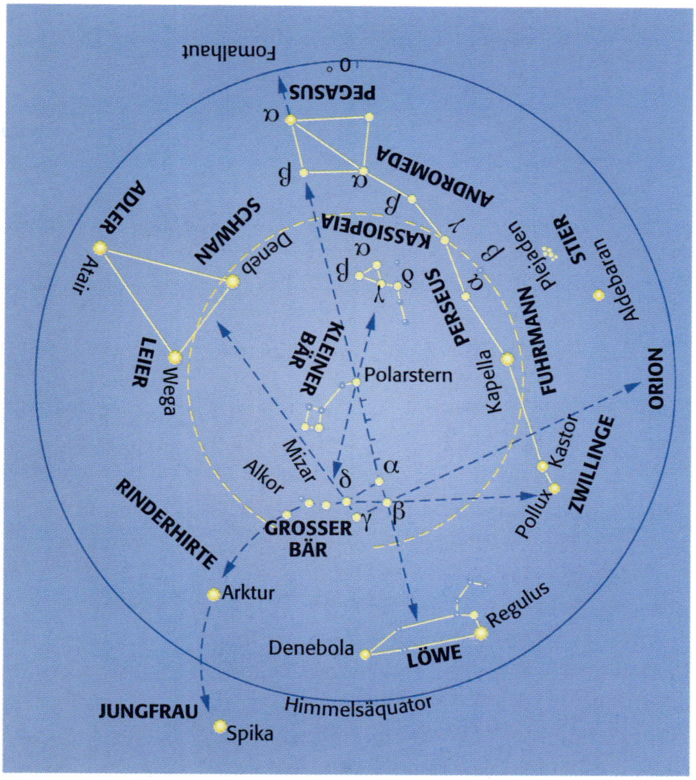

Alle Linien und Pfeile des nördlichen Himmels. Der gestrichelte Kreis umschließt die zirkumpolaren Sterne.

Südlicher Horizont

Ansicht des Sternenhimmels an denselben Tagen, zu denselben Uhrzeiten.

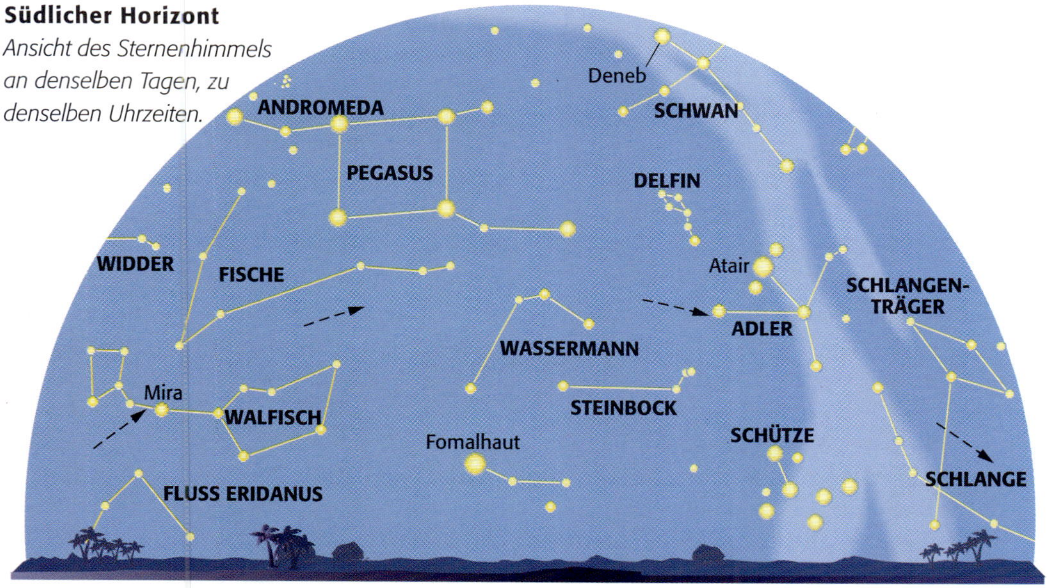

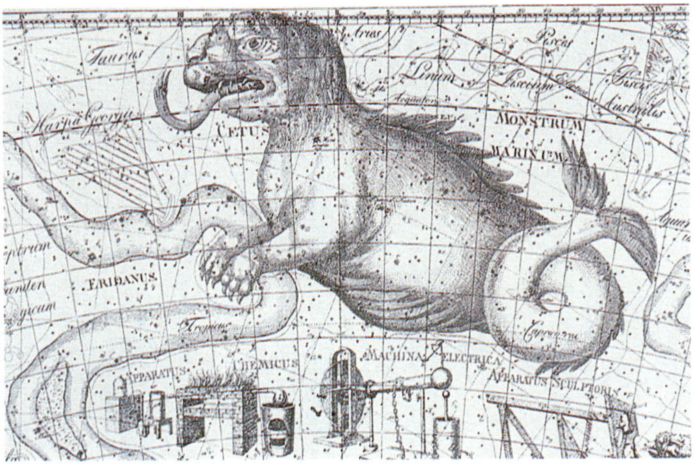

Mira, „die Wunderbare“, am Hals des Walfischs, ist der Prototyp eines veränderlichen Sterns. Diese Darstellung stammt aus einem antiken Himmelsatlas.

2 und 3,5, und dies in einem sehr regelmäßigen Zyklus von zwei Tagen, 20 Stunden und 48 Minuten. Vier Stunden und 30 Minuten lang nimmt seine Helligkeit ab, dann gewinnt er in derselben Zeit seine normale Helligkeit zurück, die er zwei Tage und etwa elfeinhalb Stunden beibehält.
Heute weiß man, dass diese Helligkeitsänderungen durch einen schwächeren Begleiter zustande kommt, der Algol verdunkelt. Wenn die beiden Sterne sich nebeneinander befinden, ist die Helligkeit größer, als wenn der dunkle Stern die Scheibe des helleren Sterns teilweise verdeckt.

Der Fuhrmann mit Kapella

Vom Herbstende an ist es sehr leicht, Kapella („die kleine Ziege“) zu finden, den hellsten Stern im Fuhrmann. Zwei Vorgehensweisen sind möglich: Entweder verlängern Sie den Bogen, der den Schwanz des Kleinen Bären darstellt, oder Sie führen Delta-Alpha des Großen Bären in der dem Schwanz entgegengesetzten Richtung fort. In mittleren Breiten befindet sich Kapella an jedem Sommerabend tief am nördlichen Horizont und wandert in den ersten Stunden der Winternächte hoch oben bis in die Nähe des Zenits: Es handelt sich um einen Stern, der niemals untergeht, einen zirkumpolaren Stern.
Die hellen Sterne des Fuhrmanns bilden mit Kapella ein Fünfeck, und diese charakteristische Form erleichtert die Identifizierung dieses Sternbilds sehr.

Mira Ceti, „die Wunderbare“ im Walfisch

Ende November / Anfang Dezember zeigt sich am südlichen Horizont der Walfisch. Dieses große Sternbild ist wegen des veränderlichen Sterns Mira (aus dem Lateinischen, „die Wunderbare“) bekannt. Die Helligkeit von Mira bewegt sich innerhalb von durchschnittlich 331 Tagen zwischen den Größenklassen 2 und 10. Auffallend ist die rötliche Färbung. Mira ist ein Roter Riese, und die Helligkeitsschwankung wird durch ein Pulsieren ihrer Gashülle verursacht, die sich periodisch weitet und zusammenzieht.
Mira ist daher manchmal mit bloßem Auge zu sehen, manchmal unsichtbar, und häufig schwach leuchtend. Dadurch ist es nicht einfach, sie zu orten. Relativ leicht kann man sie finden – vorausgesetzt, sie ist nicht zu dunkel –, wenn man weiß, dass sie ein fast rechtwinkliges Dreieck mit Alpha in den Fischen und Zeta im Walfisch bildet.

Die Wintersternbilder

Viele Urlauber haben Spaß daran, an heißen Sommerabenden die auffälligsten Sternbilder am Himmel zu suchen. Aber haben Sie jemals vor dem Weihnachtshimmel verweilt, der in einer klaren Nacht wahre Schätze birgt?

Nördlicher Horizont

Ansicht des Sternenhimmels am 15. Januar um 22.30 Uhr, am 15. Februar um 20.30 Uhr oder am 15. März um 18.30 Uhr (MEZ).

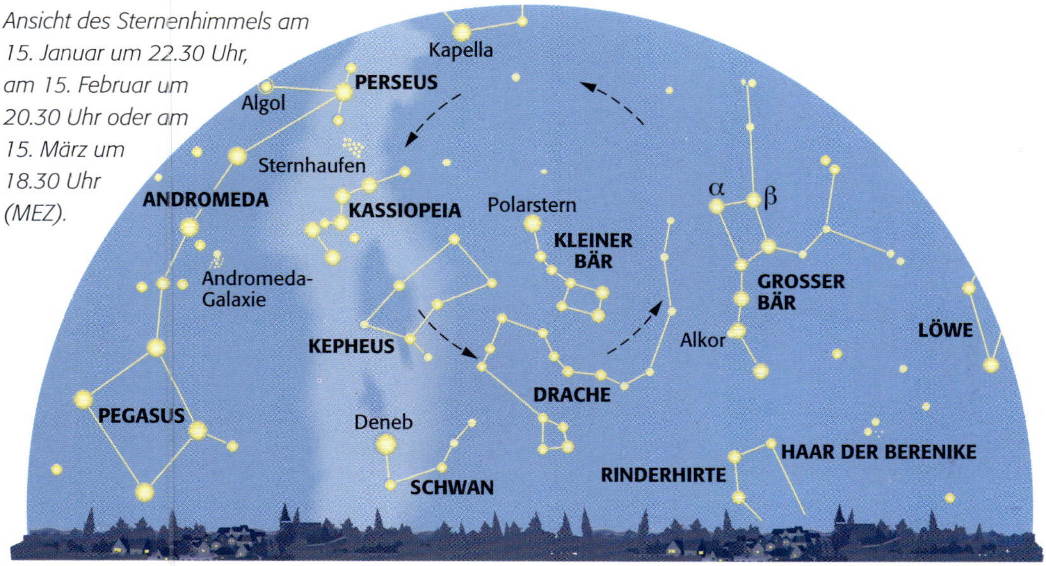

Südlicher Horizont

Ansicht des Sternenhimmels an denselben Tagen, zu denselben Uhrzeiten.

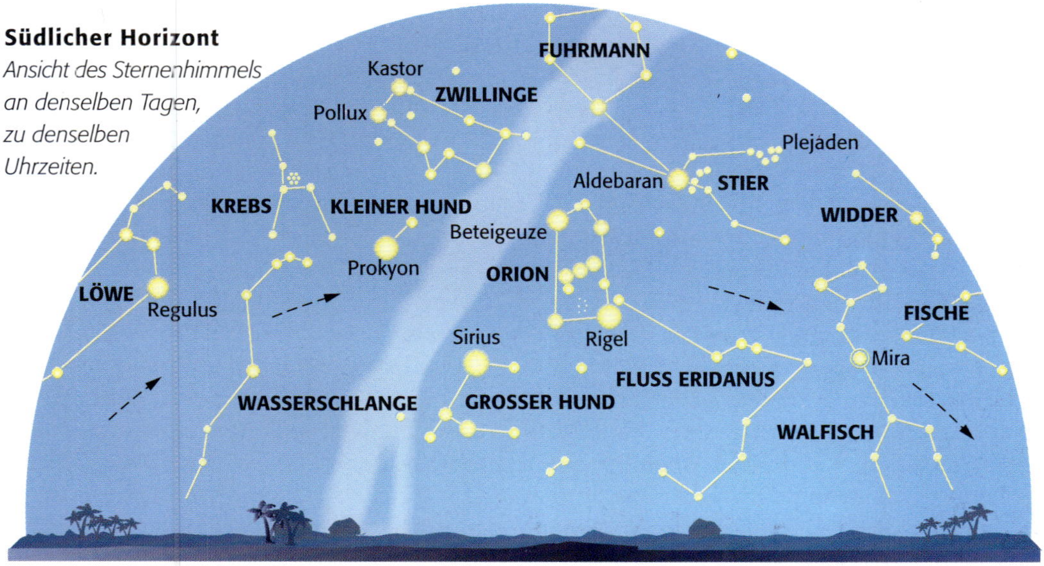

Die Schätze des Winterhimmels

In einer schönen eisigen Januarnacht, weitab von den Lichtern der Stadt, sehen wir viele vertraute Anhaltspunkte: den Großen Bären, den Polarstern, Kassiopeia und Kapella im Fuhrmann im Zenit. Die Milchstraße ist wie im Sommer gut zu sehen, sie verläuft aber nun von Südost nach Nordwest. Auffallend ist jetzt vor allem, dass das Firmament mit leuchtenden Sternen übersät ist, und würde man mit dem einfachsten Fernglas nun wahllos über den Himmel wandern, so träfe man auf Nebel und Sternhaufen in Hülle und Fülle.

Orion, Orientierungsbild der Winternächte

Im Süden funkeln drei Sterne in einer schrägen Linie in der Mitte eines riesigen Vierecks: Dies sind die drei Gürtelsterne des Sternbilds Orion.
Der Mythologie nach war der Riese Orion ein Jäger, den die Göttin Artemis in ein Sternbild verwandelte, weil er sie beleidigt hatte.
Die drei Gürtelsterne befinden sich auf dem Himmelsäquator und können helfen, diese gedachte Linie am Himmel zu orten.
Alle Himmelsbeobachter beschreiben das Sternbild Orion mit wahrer Begeisterung. Links oben an dem großen Viereck sieht man Beteigeuze, einen orangeroten Stern, der sich innerhalb langer Zyklen verändert und dessen Leuchten manchmal fast so hell ist wie das von Rigel, einem bläulichen Stern (ein Blauer Überriese) am anderen Ende der Diagonale durch das Viereck. Bei Beteigeuze, die 300 LJ entfernt ist, handelt es sich um einen Roten Überriesen, dessen Durchmesser 400-mal größer ist als der der Sonne. An der rechten oberen Ecke des Vierecks befindet sich Bellatrix, 250 LJ entfernt.

Ein Fundus an Sehenswürdigkeiten

Einer der schönsten Sterne am Winterhimmel ist Theta im Orion, der sich unterhalb der drei Gürtelsterne in der Gegend des Schwertes befindet. Theta setzt sich eigentlich aus zwei Sternen zusammen, die einen

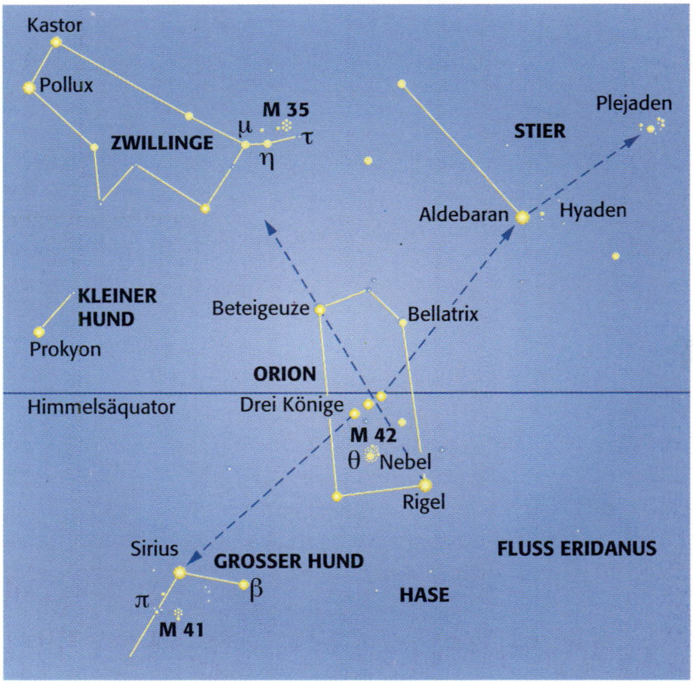

Der Winterhimmel mit dem Sternbild Orion als Anhaltspunkt. Achten Sie auf die drei Gürtelsterne in einer Linie im Zentrum des Vierecks. Durch die Verlängerung der Linie Rigel – Beteigeuze stößt man auf die Zwillinge. Eine weitere Linie, die durch die drei Gürtelsterne verläuft, führt zu Sirius im Großen Hund. In entgegengesetzter Richtung liegen Aldebaran, die Hyaden und die Plejaden im Stier.

Das Sternbild Orion prangt am Winterhimmel. In der Mitte kann man die drei Gürtelsterne erkennen, „die drei Könige". Knapp darunter befindet sich der Gasnebel M 42 (Ordnungsnummer im Messier-Katalog).

Abstand von 135" zueinander haben und mit bloßem Auge als ein einziger Stern wahrgenommen werden. In manch klarer Nacht fällt dort eine so große Helligkeit auf, dass man den berühmten Orion-Nebel schon mit bloßem Auge wahrnimmt. Mit dem einfachsten Spektiv könnten Sie Theta problemlos in seine beiden Teile trennen. Einer von ihnen würde Ihnen als dreifacher oder gar vierfacher Stern erscheinen. Durch ein großes Instrument betrachtet, ist er mindestens sechsfach: Die Anzahl der Sterne, die man betrachtet, nimmt mit der Leistungsfähigkeit des Teleskops zu.

Der Stern Theta befindet sich inmitten des großen Orion-Nebels, der fünfmal so groß ist wie die Fläche des Vollmonds. Durch die Strahlung von Theta, dem zentralen Stern, leuchtet er hell, genau wie das dünne Gas einer Neonröhre. Es handelt sich um einen riesigen Nebel aus Gas und Staub, dessen Dichte praktisch gleich Null ist. Ein wunderbarer Anblick im Fernglas!

Sirius, der Himmelsleuchtturm

Wenn Sie die Linie der drei Gürtelsterne im Orion nach links zum Horizont verlängern, treffen Sie auf Sirius, den hellsten Stern am Himmel; er ist tausendmal heller als der lichtschwächste Stern, der mit bloßem Auge noch wahrgenommen werden kann. Sirius ist tagsüber durch ein Fernglas zu sehen, wenn man genau weiß, wo man ihn suchen muss. Er ist ein wahrer Himmelsdiamant, der aufgrund seiner Nähe zum Horizont immer stark flimmert. Bedenken Sie, dass das Strahlenbündel, das von ihm bei Ihnen ankommt, dicke und bewegte atmosphärische Schichten durchquert hat. Sirius gehört zum Sternbild Großer Hund, das bei uns nie sehr hoch über den Horizont steigt.

Der Stier und sein rotes Auge

Nehmen wir wieder die Linie der drei Gürtelsterne im Orion als Ausgangspunkt, die uns gerade beim Auffinden von Sirius half, und verlängern wir sie fünf- oder sechsmal nach rechts oben: Dann stoßen wir auf Aldebaran, das „rote Auge" des Stiers. Dieser helle Stern befindet sich am Ende eines der Schenkel eines „V", das sich aus fünf gut sichtbaren Sternen zusammensetzt. Direkt neben Aldebaran werden Sie eine kleine Gruppe dicht beieinander liegender Sterne entdecken, die man als Hyaden bezeichnet (vgl. S. 73).

Die Plejaden

Verfolgen Sie die Linie der Gürtelsterne weiter nach oben, so entdecken Sie mühelos die Plejaden, eine Gruppe aus sehr dicht beieinander stehenden Sternen.
Wenn Sie nicht sehr gut sehen, werden Sie sie als undeutliche Lichtmasse wahrnehmen. Mit normaler Sehkraft werden Sie sechs

Hier kann man deutlich den Sternhaufen der Plejaden erkennen, einer Sternengruppe im Sternbild Stier. Dieser Haufen ist etwa 380 LJ entfernt.

Einige Sterne der Plejaden sind bereits durch die Mondscheibe verdeckt. Weitere werden bald hinter dem hellen Rand des Mondes verschwinden.

oder sieben Sterne erkennen, deren hellster Alkyone ist.

Bei den Plejaden wollen wir auf eine interessante optische Täuschung aufmerksam machen: Man hat den Eindruck, dass der Vollmond, würde man ihn vor diese Sterngruppe schieben, diese völlig abdecken müsste, da er mit bloßem Auge sehr viel größer erscheint als sie. Das stimmt aber nicht! Auf seiner Himmelsbahn zieht der Mond mitunter direkt vor den Plejaden vorbei, ohne auch nur die Hälfte der Fläche dieses Haufens zu verdecken. Es lohnt sich, dieses Schauspiel einmal zu fotografieren!

Wer gehört zum Wintersechseck?

Vielleicht in Anlehnung an das Sommerdreieck spricht man auch vom Wintersechseck. Einige Mitglieder haben Sie gerade kennen gelernt, als Sie die Linie der Gürtelsterne in beide Richtungen verlängerten. Mit ihr lassen sich Sirius im Großen Hund und Aldebaran im Stier erkennen, hinzu kommen Rigel im Orion, Kapella hoch oben im Fuhrmann, Pollux in den Zwillingen (s. auch S. 40) sowie Prokyon im Kleinen Hund.

Prokyon im Kleinen Hund

Wenden wir uns erneut Orion zu, dem „Schlüsselsternbild" am Winterhimmel, und verlängern wir die Linie Bellatrix–Beteigeuze etwa um das Dreifache: Dann treffen wir auf Prokyon mit seinem gelblichen Schimmer, der zum Sternbild Kleiner Hund gehört. Dieses helle Gestirn ist neben einem deutlich schwächeren Nachbarstern der einzige Stern dieses Sternbilds, den man sofort mit bloßem Auge sieht.

Prokyon bildet mit Sirius und Beteigeuze ein fast gleichseitiges Dreieck mit 26° Seitenlänge, durch das die Milchstraße verläuft.

Der Plejadentest

Wie viele Sterne können Sie in den Plejaden erkennen? Wer sechs oder sieben Sterne erkennen kann, wenn sich die Augen an die Nacht gewöhnt haben, hat die besten Voraussetzungen zum Hobby-Astronomen, denn seine Sehstärke ist hervorragend. Aber Vorsicht! Dieselben Personen können manchmal nur drei, vier oder fünf Sterne sehen: Dies hängt von der Qualität des Himmels ab. Wenn Sie also in einer Nacht weniger Sterne als gewohnt erkennen können, ist dies ein Hinweis darauf, dass die Atmosphäre trüb, sehr bewegt oder aufgehellt ist und sich der Abend für Beobachtungen nicht unbedingt eignet.

Die Frühlingssternbilder

Nach den Highlights des Winters erscheint uns der Frühlingshimmel etwas weniger sensationell. Aber auch er hat einige Glanzlichter aufzuweisen, wie beispielsweise die Zwillinge und vor allem den Löwen. Bis schließlich Arktur wieder erscheint und den Sommer ankündigt ...

Die Zwillinge: Kastor und Pollux

Die Diagonale Rigel – Beteigeuze des Orion-Vierecks (das im April gegen 21.30 Uhr untergeht), durchquert die Gürtelsterne und führt rechts an zwei ziemlich hellen Sternen vorbei, die wir vom Winter her schon kennen: Kastor und Pollux im Sternbild Zwillinge (s. S. 36).
Man kann die beiden Zwillingssterne auch anders finden: Führt man die Diagonale Delta – Beta des Großen Bären (also die Diagonale des Vierecks, die zum Schwanz führt), auf der gegenüberliegenden Seite um etwas mehr als die doppelte Länge fort, gelangt man ebenfalls zu Kastor und Pollux (s. S. 33). Dieselbe Linie weitergeführt, trifft etwa auf Sirius. Wenn Sie die Zwillinge einmal identifiziert haben, werden Sie sie meist ohne langes Suchen wiederfinden. Merken Sie sich auch, dass die Linie, die die Zwillinge mit Deneb im Schwan verbindet, durch den Polarstern in zwei gleiche Abschnitte unterteilt wird. Die Form des Sternbilds Zwillinge ist ein großes Rechteck, an dem Kastor und Pollux eine der kurzen Seiten bilden.

Kastor oder Pollux?

Wie kann man Pollux und Kastor unterscheiden? Merken Sie sich, dass Kastor auf der Seite von Kapella und Pollux bei Prokyon liegt, so dass die Namen der benachbarten Sterne (Kastor – Kapella und Pollux – Prokyon) jeweils mit demselben Buchstaben beginnen.

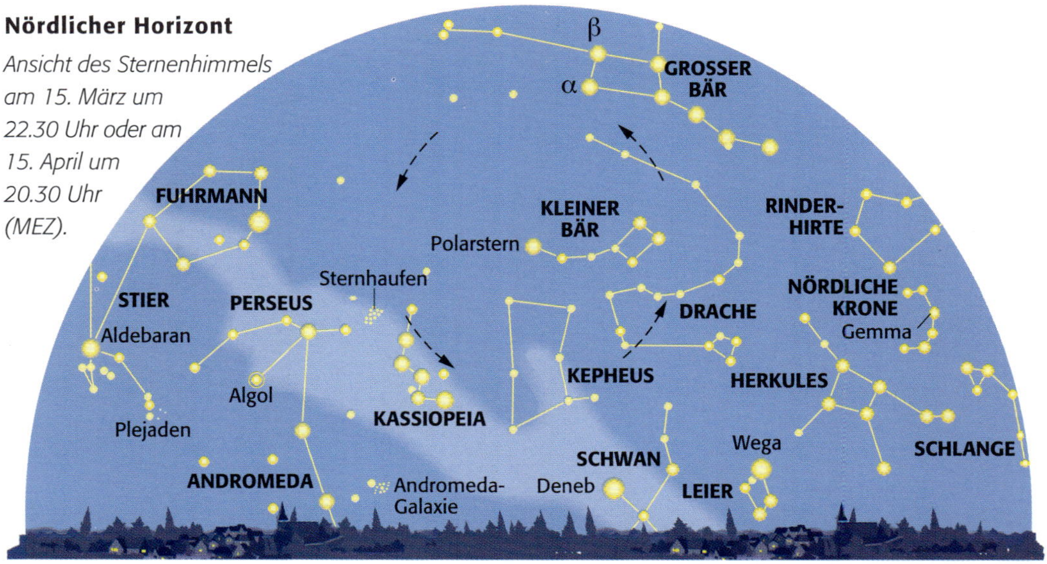

Nördlicher Horizont

Ansicht des Sternenhimmels am 15. März um 22.30 Uhr oder am 15. April um 20.30 Uhr (MEZ).

Ein doppelter Zwilling

Kastor ist übrigens ein schöner Doppelstern, den man mit einem Fernrohr mit mindestens 60 mm Objektivöffnung beobachten kann. Die beiden Komponenten drehen sich in 342 Jahren einmal um ihr gemeinsames Schwerkraftzentrum. Doppelsterne sind also wie Uhren des Himmels ...

Der Löwe mit Regulus und Denebola

An Aprilabenden prangt er in der Himmelsmitte – der Löwe. Um ihn zu entdecken, beginnen Sie beim Großen Bären: Die Linie, mit deren Hilfe wir den Polarstern fanden, durchquert, jedoch auf der entgegengesetzten Seite, das Sternbild des Löwen (s. S. 33).

Die beiden hellsten Sterne im Löwen sind Regulus und Denebola, aber bei mondlosem, klarem Himmel müssten Sie eigentlich alle Sterne erkennen, die zu ihm gehören. Das Sternbild ähnelt tatsächlich einem großen liegenden Löwen.

Genau wie die Zwillinge gehört der Löwe zu den Tierkreissternbildern, mit denen wir uns im folgenden Kapitel beschäftigen werden.

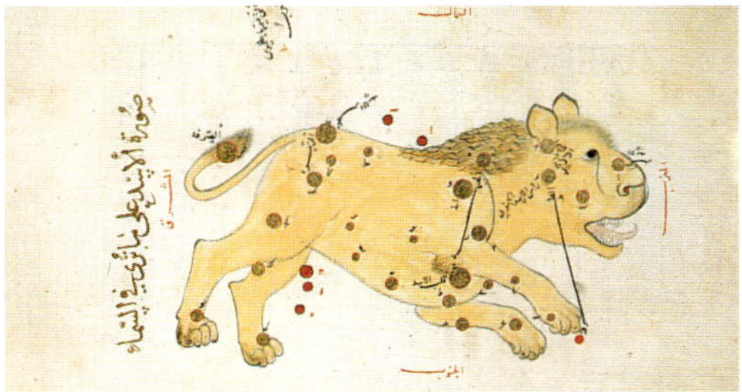

Das Sternbild Löwe hat zu diesen sehr unterschiedlichen Darstellungen inspiriert: an der Decke des Grabes Setis des Ersten, in der Nähe von Theben in Ägypten im achten Jahrhundert v. Chr. (oben) und im zehnten Jahrhundert den persischen Astronomen al-Sufi in seinem Buch über die Fixsterne (unten, Bibliothèque Nationale, Paris).

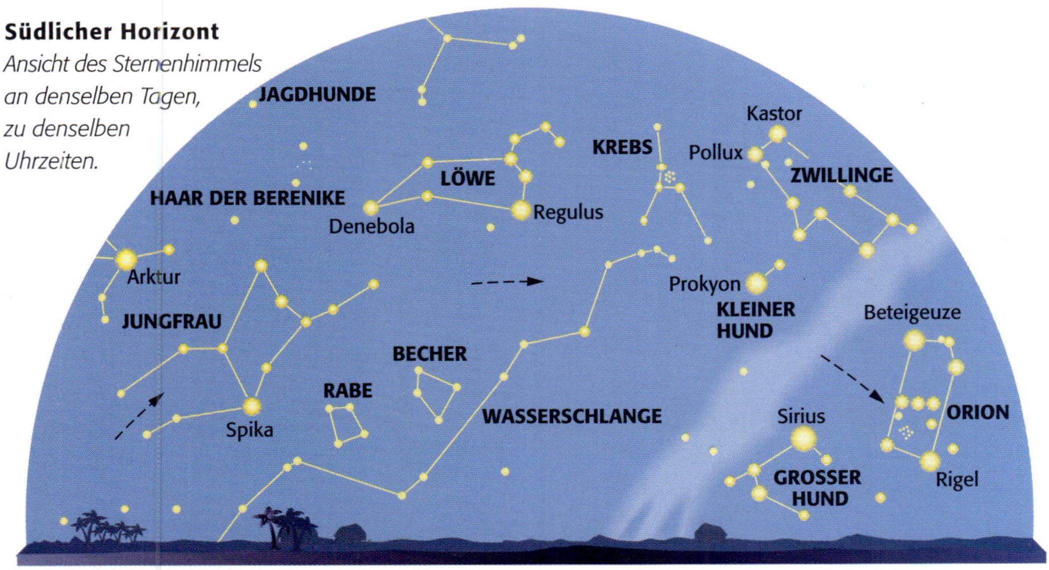

Südlicher Horizont
Ansicht des Sternenhimmels an denselben Tagen, zu denselben Uhrzeiten.

Sternbilder am Südhimmel

Dem Tourismus ist es zu verdanken, dass es heute einen „fünften jahreszeitlichen Himmel" gibt, jenen nämlich, den Sie – meist im Winter (aber dort ist dann Sommer) – bei Ihren Aufenthalten auf der Südhalbkugel betrachten können: den südlichen Himmel. Sie sollten ihn sich nicht entgehen lassen, denn der südliche Himmel ist außerordentlich schön.

Auf dem Weg nach Süden

Von mittleren Breiten aus sieht man im Laufe des Jahres lediglich drei Viertel des Himmels. Es gibt also Sternbilder, die für die Bewohner der Nordhalbkugel immer unsichtbar bleiben: Diese bezeichnet man als die südlichen Sternbilder. Je weiter man zum Äquator „herunter"kommt, desto mehr südliche Sternbilder sind zu entdecken. In der Sahara sieht man schon das Kreuz des Südens, aber um den südlichen Himmelspol erblicken zu können, muss man sich mindestens bis zum Äquator begeben. Der Polarstern ist dann am Rand des Horizonts gerade noch zu sehen, und man kann tatsächlich den gesamten Himmel beobachten.

Wenn man sich in der Nähe des Äquators befindet, zeigt eine Aufnahme von beispielsweise einer Stunde Belichtungsdauer auf dem Foto Linien, die fast senkrecht zum östlichen oder westlichen Horizont verlaufen.

Senkrechte Sternspuren

Wenn Sie in unseren Breiten eine Aufnahme machen, die Kamera auf den Polarstern richten und den Verschluss zwei Stunden lang geöffnet lassen, werden die Sterne auf dem Foto als gekrümmte konzentrische Linien abgebildet. Diese Bögen dokumentieren die offensichtliche Bewegung der Gestirne. Wenn wir eine ähnliche Aufnahme am Äquator machen, stellen wir fest, dass die Sterne als senkrechte Strichspuren zum Ost- oder Westhorizont erscheinen. Die Erde ist tatsächlich rund.

Die südliche Polregion

Um diese Himmelsregion gut sehen zu können, muss

man den Äquator überqueren und sich in Madagaskar, auf Réunion, Java oder Sumatra aufhalten (was alles noch nicht allzu weit vom Äquator entfernt liegt), in Australien oder auch in Südamerika (ab Rio de Janeiro). Am Himmelssüdpol gibt es keinen Polarstern, sondern lediglich schwach leuchtende kaum erkennbare Sterne, was uns europäischen Beobachtern, die wir gewohnt sind, den Nordpol mit Hilfe des Polarsterns zu orten, einen gewissen Eindruck der Leere vermittelt. Um den Südpol zu finden, muss man zunächst das Kreuz des Südens suchen, das man mit seiner charakteristischen Form völlig problemlos mitten in der Milchstraße erkennt. Wenn es den Meridian erreicht, erscheint es als aufrechtes Kreuz. Die Sterne Gamma und Alpha bilden den „langen Balken" des Kreuzes, der ungefähr auf den Pol zeigt, der sich in einer Entfernung von viereinhalbmal der Linie Gamma – Alpha befindet. Aber Vorsicht! Es gibt auch das „falsche Kreuz", das größer ist als das eigentliche: Es gehört zum Sternbild Segel und sieht aus wie eine weit geöffnete Schere.

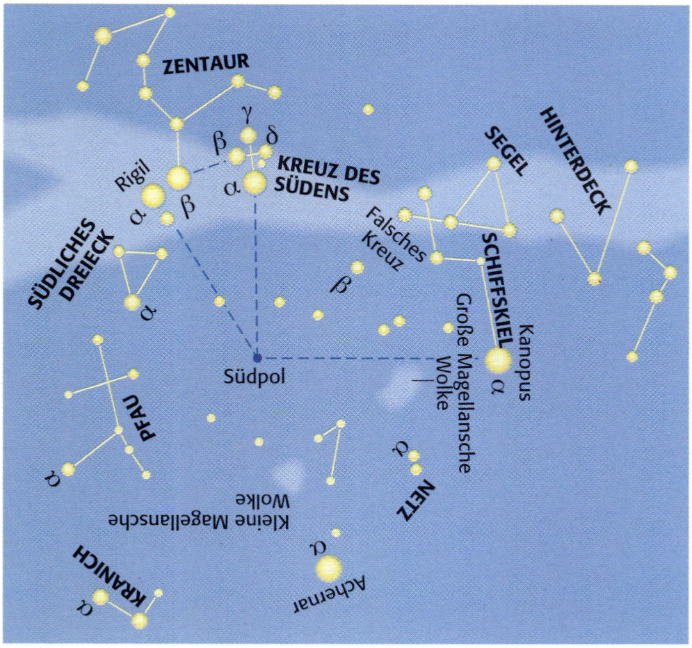

Es gibt drei verschiedene Möglichkeiten, den Himmelssüdpol zu orten, an dem kein einziger, mit bloßem Auge sichtbarer Stern leuchtet.

Proxima Centauri, unser Nachbar

Das Sternbild Zentaur umgibt das Kreuz im Halbkreis. Alpha und Beta im Zentaur, helle Sterne ganz in der Nähe des Kreuzes, scheinen auf dieses zu zeigen und sind leicht zu erkennen.
Eine andere Möglichkeit, den Zentaur zu orten, ist die folgende: Die Sterne dieses Sternbilds befinden sich zwischen Spika in der Jungfrau und dem Kreuz des Südens. Alpha im Zentaur, ein sehr schöner Doppelstern, ist 4,3 LJ von der Sonne entfernt. Proxima, der Stern direkt daneben, der mit dem bloßen Auge nicht zu sehen ist, liegt nur 4,2 LJ von ihr entfernt. Der Name bedeutet „die Nächste": Kein anderer Stern ist uns so nah wie er.
In der Mitte des Sternbilds befindet sich Omega Centauri oder NGC 5139 (Ordnungsnummer im *New General Catalog*), ein Kugelsternhaufen, der aus rund 100 000 Sternen besteht und dessen Durchmesser von uns aus gesehen dem des Vollmonds entspricht. Durch ein Fernglas wunderbar zu betrachten, ist dies eines der schönsten Objekte am Himmel, das man schon von Nordafrika aus sieht. Es bildet ein gleichseitiges Dreieck mit Beta im Zentaur und Alpha im Wolf (hier nimmt man am besten eine Detailkarte zu Hilfe).

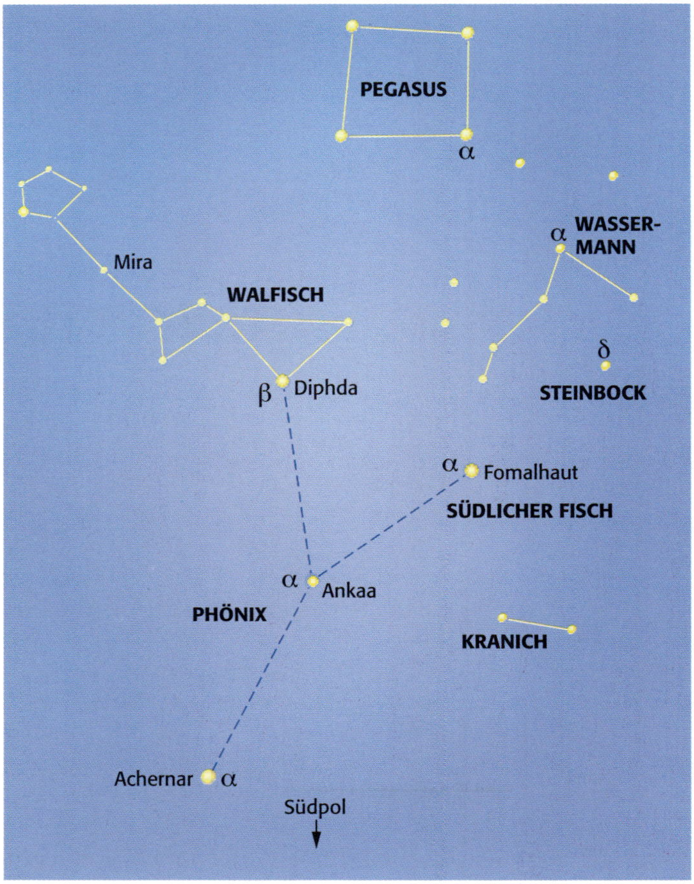

Das Große Y ist der wichtigste Wegweiser am südlichen Himmel. Die Enden seiner Schenkel sind Diphda im Walfisch und Fomalhaut im Südlichen Fisch. Die Mitte bildet Alpha im Phönix, der Fuß ist Achernar, ein bläulicher Stern.

Kanopus ist nach Sirius der hellste Stern am Himmel, Alpha im Zentaur der dritthellste.

Das Südliche Dreieck

Kehren wir aber zum Kreuz des Südens zurück, um zu beobachten, dass der Winkel Alpha – Beta sich zum Südlichen Dreieck hin öffnet, einem auffälligen Sternbild in der Nähe von Rigil, dessen drei Sterne früher zur Orientierung bei der Seefahrt genutzt wurden.

Das große Y

Da der Große Bär zur Orientierung ausfällt, dient das Große Y als Leitfigur am Südhimmel. Die Endpunkte seiner Schenkel sind einerseits Diphda (Beta im Walfisch) und andererseits Fomalhaut (Alpha im Südlichen Fisch). Die Mitte bildet Alpha im Phönix. Der Fuß ist Achernar (Alpha im Fluss Eridanus).
In der Nähe von Achernar befindet sich das Dreieck der Kleinen Wasserschlange zwischen der Großen und der Kleinen Magellanschen Wolke. Fomalhaut, Achernar und Kanopus im Schiffskiel bilden eine auffällige Linie dreier Sterne, die der Größenklasse 1 und darüber angehören.

Die Kleine Wolke und der Tukan

Die Kleine Magellansche Wolke im Sternbild Tukan ist ein sehr auffälliges Objekt. Diese kleine Galaxie, die sich neben der unseren befindet und mehr als zehnmal näher liegt als die Andromeda-Galaxie, ist etwa 200 000 LJ von uns entfernt. Sie enthält zwei Milliarden Sterne. Suchen Sie von Achernar im Fluss Eridanus ausgehend die Kleine Magellansche Wolke, die sich südlich davon in Richtung Pol befindet. Direkt daneben liegt der Sternhaufen 47 Tucanae. Beta im Tukan ist ein schöner Doppelstern (beide Komponenten gehören der Größenklasse 4,5 an und haben vonei-

Bezeichnungen aus der Seefahrt

Im 16. Jahrhundert, als die Seefahrer begannen, den südlichen Himmel zu beobachten, standen sie vor der schwierigen Aufgabe, die Sternformationen, die sie entdeckten, zu benennen. Mit den Sternbildern Zwillinge, Orion, Herkules, Pegasus usw. hatte der nördliche Himmel nämlich bereits fast alle Namen der Mythologie für sich beansprucht. Also verwendeten sie das, womit sie zu tun hatten und was sie gut kannten. Zunächst waren dies Begriffe aus der Seefahrt wie Segel, Schiffskiel, Hinterdeck, Sextant usw., dann die Namen der Tiere von „dort unten", u. a. Tukan, Südlicher Fisch, Schwertfisch.

nander einen Abstand von 27"), der durch ein Fernglas mit zwölffacher Vergrößerung zu erkennen ist. Er bildet ein gleichschenkliges Dreieck mit Achernar und der Kleinen Magellanschen Wolke.

Große Wolke, Schwertfisch und Schiffskiel

Die Große Magellansche Wolke befindet sich im Sternbild Schwertfisch. Sie ist die große Schwester der Kleinen Wolke und ebenfalls eine kleine Satellitengalaxie unserer Milchstraße, 170 000 LJ von ihr entfernt mit etwa zehn Milliarden Sternen. Sie bildet ein gleichschenkliges Dreieck mit Alpha und Beta im Schiffskiel.
Vor allem enthält sie den wunderschönen Tarantel-Nebel, einen leuchtenden Gasnebel, ähnlich dem Orion-Nebel.
Der Sternhaufen NGC 2516 neben Epsilon im Schiffskiel kann mit dem Fernglas beobachtet werden, um jedoch einzelne Sterne erkennen zu können, braucht man ein kleines Spektiv.

Auf der südlichen Himmelshalbkugel sind die Große und die Kleine Magellansche Wolke zu sehen, zwei kleine Satellitengalaxien unserer Milchstraße. Sie sind 170 000 bzw. 200 000 LJ von unserer Sonne entfernt.

Die Milchstraße in ihrer ganzen Pracht

Alle Astronomen der Nordhalbkugel, die einmal den südlichen Himmel beobachten konnten, waren von der Schönheit und dem Sternenreichtum der Milchstraße begeistert, den man auf der Südhalbkugel sehen kann. Die Erklärung für diesen Reichtum liegt in unserer Position innerhalb der Milchstraße begründet. Unsere Sonne befindet sich nämlich etwas außerhalb eines Arms der Galaxis, der als „Sagittarius-Arm" bezeichnet wird. Wenn man in Richtung des Sternbilds Schütze (Sagittarius) schaut, blickt man zur Mitte der Milchstraße, wo sich die größten Sternansammlungen befinden. Der Sagittarius-Arm folgt jedoch der Erdachse in Richtung Süden. Daher wird die Milchstraße umso deutlicher sichtbar und das Sternengewimmel umso dichter, je weiter man nach Süden kommt.

Die Sternbilder des Tierkreises

Die Bahn von Sonne und Planeten

Wir kommen nun zur Beschreibung der zwölf bekanntesten Sternbilder: denen des Tierkreises (Zodiakus). Der große Bekanntheitsgrad hat mit der Astrologie zu tun, die sich ihrer „Zeichen" bedient, um Horoskope zu erstellen. Für die Astronomen sind sie deshalb von Interesse, weil sie von den Planeten durchquert werden.

Das Rad der Tiere

Auf dieser Himmelsweltkarte, die dem Astronomecium Caesarem *(1540) nach Appian entstammt, erkennt man einige Figuren und Sternbilder.*

„Zodiakal" leitet sich aus zwei griechischen Wörtern ab. Das erste, zoa, heißt übersetzt „Tiere" und weist auf die Art der meisten Figuren hin, die auf dieses Sternenband projiziert wurden. Das zweite Wort, diacon, bedeutet „Rad" und sagt aus, dass die Tierkreissternbilder sich in einer Art Gürtel um den Himmel legen. Wenn Sie auf der Himmelskugel die Linie „einzeichnen", die die Sonne bei ihrem scheinbaren Umlauf um die Erde in einem Jahr zieht, stellt dieser große Kreis die Ekliptik dar, die in der Mitte des Tierkreisgürtels liegt. In Wirklichkeit bezeichnet er die Bahn, auf der die Erde um die Sonne kreist.

Die zwölf „Häuser der Sonne"

Man unterteilte diesen Gesamtumfang des Himmels in zwölf Teile, die man die zwölf „Zeichen" des Tierkreises nannte. In der Antike wurden sie als die „Häuser der Sonne" bezeichnet, da das Tagesgestirn pro Monat eines davon zu besuchen und im Frühling in das Ausgangssternbild zurückzukehren scheint.

Die zwölf Sternbilder sind in traditioneller Reihenfolge: Widder, Stier, Zwillinge, Krebs, Löwe, Jungfrau, Waage, Skorpion, Schütze, Steinbock, Wassermann und Fische.

Dieser Tierkreisgürtel hat, genau wie die Ekliptik, eine Neigung von 23,5° zum Himmelsäquator. Also steht der Polarstern nicht am Pol der Ekliptik oder des Tierkreises. Der Ekliptikpol befindet sich im Sternbild Drache, zwischen den Sternen Zeta und Delta. Dieser Pol ist der Angelpunkt einer langsamen Drehung des Sternenhimmels, die sich innerhalb von rund 26 000 Jahren abspielt.

Der Weg der Welten

Genau genommen ist der Tierkreis tatsächlich der Weg der Welten unseres Sonnensystems, denn seine zwölf Zeichen werden auch vom Mond und von den Planeten besucht. Der Mond folgt in seinem monatlichen Lauf in etwa der Ekliptik, von der er lediglich um maximal 5° abweicht. Die hellen Planeten bewegen sich wie die Erde ebenfalls etwa in der Ekliptik um die Sonne. Merkur, dessen Bahn am meisten zur Ekliptik geneigt ist, weicht nicht mehr als 7°

> **Zwölfmal 30°**
>
> Die Astronomen der Antike hatten das Tierkreisband in zwölf Sektoren mit einer Breite von jeweils 360° : 12 = 30° auf dem Himmelsgewölbe unterteilt. Aber die Grenzen zwischen zwei benachbarten Tierkreissternbildern waren ziemlich ungenau und niemals definiert worden. Sie waren umso schwieriger festzulegen, als manche Sternbilder sich in der Höhe überlappen, wie beispielsweise Fische und Wassermann oder Wassermann und Steinbock. Die Internationale Astronomische Union definierte um 1930 schließlich exakte Grenzen aller Sternbilder am Himmel. Während der griechische Astronom Ptolemäus im 2. Jahrhundert 48 Sternbilder auflistete, zählt man heute 88.

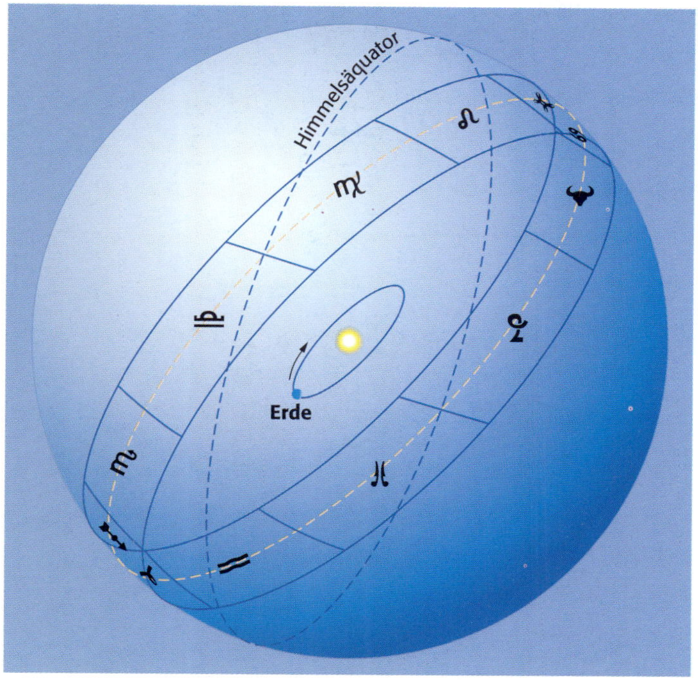

Von der Erde aus gesehen scheint der Tierkreis den Himmel mit einem Band aus zwölf Sternbildern zu umgeben.

davon ab. Lediglich die herumvagabundierenden Kometen brechen aus dem Tierkreisband aus.

Das dreizehnte Tierkreissternbild

Wenn Sie eine Karte des Tierkreisbandes betrachten, wundern Sie sich nicht, darin auch den südlichen Teil des Sternbilds Schlangenträger zu finden. Es besteht nur aus schwach leuchtenden Sternen und wird von der Ekliptik (und daher von der Sonne) zwischen Waage und Schütze durchkreuzt. Es befindet sich nördlich vom Skorpion. Die Sonne hält sich während der ersten drei Dezemberwochen im Schlangenträger auf. Alle Planeten durchlaufen dieses Sternbild also ebenfalls in bestimmten Abschnitten ihrer scheinbaren Bewegung entlang der Ekliptik. Es gibt also tatsächlich 13 Tierkreissternbilder! Wissen die Astrologen das? Fassen wir zusammen: Diese Sternbilder darf man nicht mit den „Zeichen" verwechseln (s. Kasten), den lediglich zwölf gleichen Kreisbögen von 30°, die vom Frühlingspunkt ausgehend auf der Ekliptik gebildet wurden. Der Frühlingspunkt verschiebt sich aber langsam, daher stimmen die Sternbilder und Tierkreiszeichen nicht mehr überein.

Was ist das erste Sternbild des Tierkreises?

Heute ist das erste Tierkreissternbild das der Fische: Dort befindet sich der Frühlingspunkt, über den sich die Sonne zum Zeitpunkt der Tagundnachtgleiche (20. oder 21. März) bewegt. An diesem Tag schiebt sich unser Tagesgestirn vor dieses Sternbild

Dieses bemalte Flachrelief aus dem 13. Jahrhundert zeigt Seti den Ersten und die Göttin Hathor. Die Göttin trägt die Sonnenscheibe zwischen Stierhörnern auf ihrem Kopf. Von 4300 bis 2100 v. Chr. ging die Sonne zu Frühlingsbeginn im Sternbild Stier auf (Louvre, Paris).

(dies passiert in der Nähe der Grenze zum Wassermann) und sie überstrahlt alle seine Sterne. Genau sechs Monate später, Ende September, befinden sich die Fische auf der sonnenabgewandten Seite und sind gegen Mitternacht im Süden zu sehen.

Frühlingspunkt und Vorrücken der Tagundnachtgleichen

Vor 2000 Jahren befand sich die Sonne am 21. März im Widder, und so „eröffnete" der Widder bei den Autoren des klassischen Altertums den Tierkreis. Vor 4000 Jahren spielte der Stier die Hauptrolle in den antiken Mythen, und es war der Sternhaufen der Plejaden, der bei einigen Völkern der Antike das Jahr und den Kalender bestimmte. Der Stier war das Sternbild der Tagundnachtgleiche: Er war der Auftakt zum Frühling und zur Rückkehr der großen Naturzyklen.
Da die alten Priester Astronomen waren, die den Himmel aufmerksam mit bloßem Auge beobachteten, begründeten sie ver-

Der Anfangspunkt eines Kalenders

Der Frühlingspunkt, der das Tierkreisband durchläuft, markiert den jahreszeitlich bedingten Neubeginn, wenn die Sonne von der südlichen Hemisphäre des Himmels zur nördlichen übergeht. Er markiert den Beginn der allmählichen Erwärmung der nördlichen Erdhalbkugel. Müsste er nicht logischerweise der erste Tag des Jahres und des Kalenders sein? Was die Zeit betrifft, so fehlt es den menschlichen Konventionen mitunter an Logik.

mutlich den Stierkult, der sich im gesamten Mittelmeerraum entwickelte.
Etwa im Jahr 2650 wird sich der Frühlingspunkt aufgrund des Vorrückens der Tagundnachtgleichen zum Sternbild Wassermann verschoben haben, denn jedes Jahr verschiebt sich dieser Punkt „nach vorne“, von Osten nach Westen. Der Frühlingspunkt durchläuft in 25 780 Jahren einmal alle Punkte der Ekliptik.

Fast alle Sternbilder in einer Nacht

Im Laufe eines Jahres wird die Sonne also vor allen Sternbildern des Tierkreises vorüberziehen. Aber wussten Sie, dass Sie all diese Sternbilder mit bloßem Auge in einer einzigen Nacht beobachten können? Außer dem natürlich, in dem die Sonne zum Zeitpunkt der Beobachtung steht.
Im März kann man z.B., außer der Gegend um die Fische und den Wassermann, in der die Sonne vorüberzieht, fast den ganzen Himmel sehen. Am 21. März um 20 Uhr beispielsweise erstreckt sich Ihr Beobachtungsfeld von Westen bis Osten von den Fischen bis zur Jungfrau (s. S. 52 f. und 54 f.); um zwei Uhr reicht es von den Zwillingen bis zum Skorpion und um sieben Uhr wird es von der Jungfrau (die nun untergeht) und dem Wassermann begrenzt, hinter dem die Sonne wiederum aufgehen wird.

Wo muss man den Tierkreis suchen?

Auf der nördlichen Hemisphäre muss man die Tierkreissternbilder in südlicher Richtung suchen. Das Tierkreisband beschreibt eine Art riesigen Bogen, der an Winterabenden vom nordöstlichen bis zum nordwestlichen Horizont reicht, wobei er über den südlichen Meridian hinweggeht. Im Sommer befindet er sich viel näher am Horizont. Die Beobachtungen sind daher im Winter wesentlich einfacher und interessanter als im Sommer.

Die mit bloßem Auge erkennbaren Planeten müssen Sie immer im Tierkreisband suchen. Bei Venus und Merkur liegt der Fall etwas anders, da diese Gestirne der Sonne folgen oder vorangehen.

Der Schwindel der Unendlichkeit

Im Sternbild Jungfrau findet man Tausende von Galaxien wie die unsere, sie sind jedoch viel zu weit entfernt, als dass sie mit bloßem Auge sichtbar wären. Jede Galaxie enthält Milliarden von Sternen, also Milliarden von Sonnen wie die unsere, die sich allerdings in verschiedenen Entwicklungsstadien befinden. Der Galaxienhaufen in der Jungfrau befindet sich durchschnittlich 60 Millionen LJ von uns entfernt. Gleich daneben, im Sternbild Haar der Berenike, findet man einen weiteren Haufen mit mehr als 1000 Galaxien.
Eine Galaxie ist wie ein Inseluniversum. Jede Galaxie ist nämlich im Raum isoliert wie eine Insel im Ozean. Von jeder einzelnen aus würde man mit dem Teleskop andere Inseluniversen sehen, die einsam in diesem unendlich großen Ozean schwimmen, dessen Horizont mit der zunehmenden Leistungsfähigkeit der Instrumente immer weiter zurückweicht.

Wann sieht man die Sternbilder?

Wenn man doch fast alle Sternbilder des Tierkreises in einer Nacht sehen kann, ist es dann korrekt zu sagen, dass die Fische ein Oktobersternbild sind, dass der Stier im Januar zu sehen ist usw., wie man es in vielen Büchern liest? Genau genommen geben diese Bezeichnungen den Monat an, in dem das Sternbild zwischen 21 Uhr und Mitternacht am besten zu sehen ist. Abends haben Sie dann die größte Chance, mit bloßem Auge die größtmögliche Anzahl an Sternen zu sehen, die zum jeweiligen Sternbild gehören.

Von den Fischen zum Löwen

Wir werden nun ein Tierkreissternbild nach dem anderen vorstellen. Dabei beginnen wir nicht mit dem Bild, in dem die Sonne vor 2000 Jahren zur Tagundnachtgleiche leuchtete – wie dies bei Horoskopen üblich ist –, sondern mit demjenigen, in dem sie heute zu Frühlingsbeginn steht: mit den Fischen.

Die Fische

Das Sternbild Fische, für Astronomen heute das erste des Tierkreises, besteht aus schwach leuchtenden Sternen südlich von Andromeda und Pegasus. Nochmals sei daran erinnert, dass es heute den Frühlingspunkt enthält. Dieses Sternbild, das im Herbst zu sehen ist, lässt sich mit bloßem Auge nicht leicht erkennen, vor allem deshalb nicht, weil es sehr weitläufig ist. Am einfachsten ist es, vom Pegasus-Viereck im Süden ausgehend den Blick vertikal nach unten gleiten zu lassen. Man erkennt nun eine kleine Gruppe von Sternen, die ein Fünfeck bilden: die Fische, die sich von hier weiter nach Osten in Richtung Walfisch ausdehnen.

Der Widder und sein Sternentrio

Auch hier ist die Berühmtheit des Widders größer, als es die Anzahl seiner sichtbaren Sterne rechtfertigen würde: ein Trio aus nahe beieinander stehenden Gestirnen. Er befindet sich auf der Hälfte der Strecke zwischen dem Pegasus-Viereck und den Plejaden. Führen Sie durch die beiden oberen (oder nördlichen) Sterne des Pegasus-Vierecks eine imaginäre Linie und verlängern Sie diese um fast das Doppelte nach links (oder nach Osten), so erreichen Sie Alpha im Widder. In der Nähe dieses Sterns erkennen Sie die weniger hellen Sterne Beta und Gamma. Der Stern Gamma ist ein Doppelstern, der mit einem Spektiv auf einem Stativ leicht getrennt werden kann.

Stier und Zwillinge

Den Stier und seinen rötlich schimmernden Stern Aldebaran haben wir bereits kennen gelernt (am Winterhimmel, im Januar und Februar). Dasselbe gilt für die Zwillinge, bei denen zwei Sterne nebeneinander leuchten: Kastor und Pollux.
Die Zwillinge stehen im Februar / März abends im Süden hoch über dem Horizont.

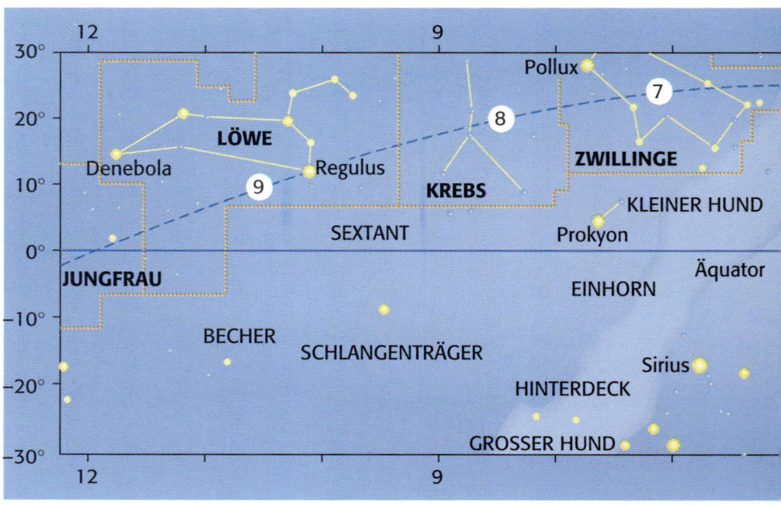

Der Stier und seine Supernova

Im Jahr 1054 geschah etwas, das das Sternbild Stier veränderte: In jenem Jahr explodierte ein Stern zur Supernova. Dadurch entstand am Himmel ein sehr heller Schein, der über mehrere Wochen auch tagsüber sichtbar blieb. Heute ist der Schein viel schwächer geworden, so dass seine Reste, die man „Krabben-Nebel“ nennt, mit dem Fernglas nur noch als sehr schwacher Fleck zu sehen sind.
Dieser Krabben-Nebel, mit M 1 bezeichnet, befindet sich genau über dem unteren linken Stern des Stiers.

Am 22. Juli erreicht die Sonne in diesem Sternbild ihre höchste nördliche Position; sie überdeckt es dann mit ihrer blendenden Strahlung.

Der Krebs und seine Krippe

Zwischen dem Sternpaar Kastor und Pollux in den Zwillingen und Regulus im Löwen befindet sich das sehr unauffällige Sternbild Krebs. Nehmen Sie am besten eine Ausschnittskarte zu Hilfe, um es zu finden.
Der Krebs lässt sich dank eines Sternhaufens lokalisieren, der mit bloßem Auge sichtbar ist und Krippe oder Praesepe heißt. Er befindet sich in der Nähe des Sterns Delta im Krebs, gleichweit entfernt von Regulus im Löwen und Delta in den Zwillingen. Mit bloßem Auge sieht man nur einen wolkigen Fleck, aber durch ein Fernglas lässt er sich recht leicht in etwa 30 einzelne Sterne trennen (vgl. S. 95). Mit einem guten Fernrohr können Sie dort über 100 Sterne sehen.

Der Löwe mit Regulus und Denebola

Wir haben schon gelernt, das Sternbild Löwe zu identifizieren, indem wir uns der Linie zur Lokalisierung des Polarsterns bedienen, die wir dieses Mal in die entgegengesetzte Richtung verlängern.
Der Löwe ist an März- und Aprilabenden auf dem südlichen Meridian zu sehen. Im Wesentlichen besteht er aus einem Trapez aus vier ziemlich hellen Sternen, die sich östlich der Zwillinge befinden. Der hellste Stern ist Regulus (Alpha im Löwen), Größenklasse 1, der zusammen mit fünf anderen Sternen, die sichelförmig angeordnet sind, eine Art spiegelverkehrtes Fragezeichen bildet, bei dem Regulus unten den „Punkt“ darstellt. Regulus ist der hellste Stern in der Nähe der Ekliptik. Da er sehr nah an der Sonnenbahn liegt, wird er relativ häufig vom Mond bedeckt und in seiner Nähe stehen oft Planeten. Ganz links verkörpert Denebola, ein ziemlich heller Stern, den Schwanz des Löwen.

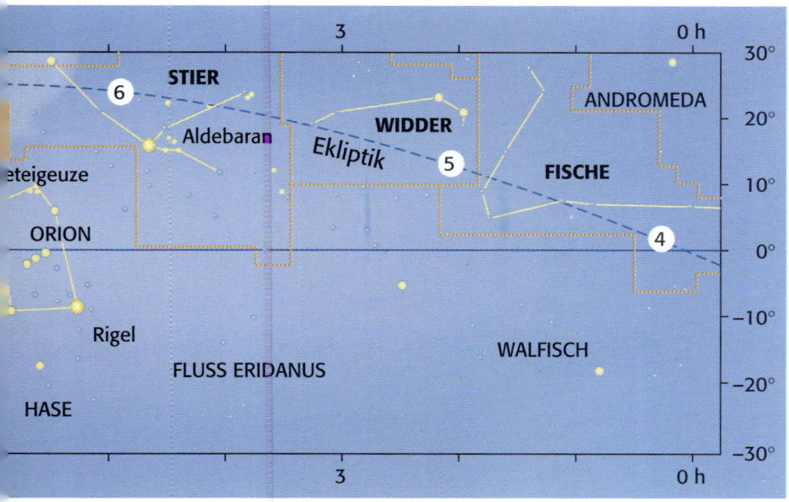

Die Tierkreissternbilder, durch die sich die Planeten und der Mond bewegen, sind durch gepunktete Linien abgegrenzt. Die Zahlen in den Kreisen, die auf die Ekliptik gezeichnet sind, geben die Position der Sonne am ersten Tag des entsprechenden Monats an (z. B. 4 = April).

Von der Jungfrau zum Wassermann

Nach dem Löwen durchläuft die Sonne die Sternbilder Jungfrau bis Wassermann, bevor sie wieder bei den Fischen ankommt. Heben Sie an Ihren freien Sommerabenden den Kopf und beobachten Sie die beiden schönsten Sommersternbilder: Skorpion und Schütze.

Die Jungfrau mit Spika

An April- und Maiabenden werden Sie kurz vor Mitternacht ziemlich nahe am Südhorizont einen hellen Stern der Größenklasse 1 sehen: Spika im Sternbild Jungfrau, die sich wie Regulus dicht an der Ekliptik befindet und somit ziemlich oft durch den Mond bedeckt wird. Es gibt eine einfache Methode, Spika zu finden: Ausgehend von dem für uns sehr hilfreichen Sternbild Großer Bär verlängern Sie die große Diagonale Alpha – Gamma nach Süden, so werden Sie auf Spika treffen. Sie können sich auch merken, dass Spika mit Arktur und Denebola ein fast gleichseitiges Dreieck bildet.
Der Stern Gamma in der Jungfrau ist einer der schönsten Doppelsterne am Himmel. Man braucht ein Fernrohr, um ihn in seiner Pracht bewundern zu können. In der Jungfrau findet sich auch ein Galaxienhaufen, der aus etwa 3000 Galaxien besteht, die ebenso groß sind wie unsere ...

Der schöne Skorpion

Der Skorpion mit dem rotorangefarbenen Antares ist das schönste Sternbild an Juniabenden vor Mitternacht. Antares gleicht aufgrund seiner Helligkeit und seiner Farbe dem Planeten Mars, mit dem er leicht zu verwechseln ist. Sie finden Antares auf der Linie von Regulus zu Spika, wenn Sie sie um dieselbe Länge weiterführen. Rechts oben von Antares werden Sie mühelos den charakteristischen Sternenfächer des Skorpions erkennen.
In mittleren Breiten kann man nur einen Teil des Sternbilds sehen. Sein beeindruckender südlicher Teil weist die typisch gekrümmte Form eines Skorpions auf. Sie werden das ganze Sternbild in Südspanien, Sizilien und auf Kreta sehen können. Betrachten Sie dort auch die hellen Sternwolken der Milchstraße in dieser Region.

Die Waage

Zwischen Jungfrau und Skorpion wollen wir nicht die recht unauffällige Waage vergessen,

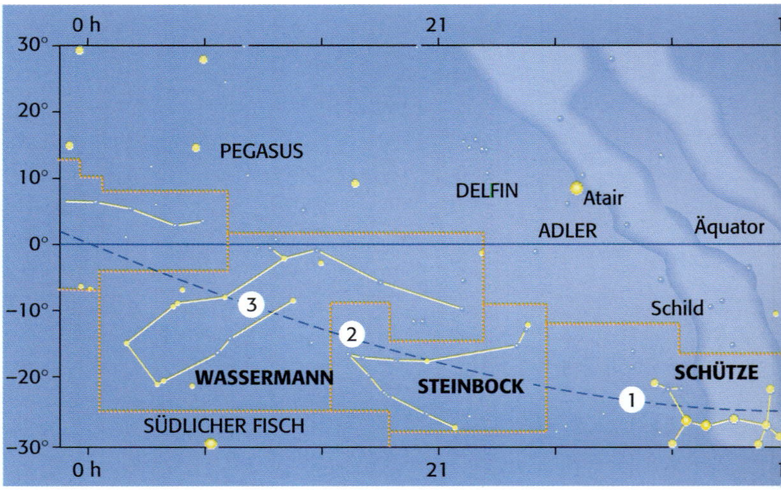

ein weiteres Sommersternbild, das nur zwei einigermaßen helle Sterne enthält, die zusammen mit zwei weiteren, noch weniger hellen Sternen ein schiefes Viereck auf der Ekliptik bilden. Alpha in der Waage befindet sich in der Mitte zwischen Spika und Antares. Vor 2000 Jahren zog die Sonne dort bei der Tagundnachtgleiche im Herbst vorüber und man glaubte, darin den möglichen Ursprung dieses Tierkreiszeichens zu sehen, das Tag und Nacht, Arbeit und Schlaf ausgleicht.

Der Schütze

Die Sonne erreicht am 22. Dezember im Sternbild Schütze ihren südlichsten Punkt. In Mitteleuropa steht dieses Sternbild an Augustabenden im Süden immer ziemlich tief am Horizont. Es ist dort nicht komplett zu sehen.
Wir befinden uns hier in einem der interessantesten Gebiete der Milchstraße, in dem es zum Mittelpunkt unserer Galaxie hin Sternhaufen und Gasnebel zu sehen gibt. Nach der Überlieferung aus der Antike ist der Pfeil des Schützen, der durch drei Sterne markiert ist, auf den Stachel des Skorpions gerichtet. Insgesamt gibt es im Schützen etwa zehn Sterne, die mit bloßem Auge zu erkennen sind und die die Gestalt einer Teekanne umreißen.

Der unscheinbare Steinbock

Der Steinbock ist arm an hellen Sternen. Sie können ihn an zwei ziemlich dicht beieinander stehenden Sternen der Größenklasse 3 erkennen, auf die Sie stoßen, wenn Sie das Sterntrio aus Atair im Adler und seinen beiden Nachbarsternen nach Süden verlängern. Alpha im Steinbock erscheint im Fernglas als Doppelstern; beide Komponenten sind gelborange.
Der Abschnitt des Tierkreises, den wir hier erforschen, ist der kargste des Himmels. Er stellt einen auffallenden Gegensatz zur gegenüberliegenden Region dar, wo wir Aldebaran, Kastor und Pollux, Spika und Regulus bewundern konnten.

Eine sternarme Region des Tierkreises: der Wassermann

Der Wassermann besteht vor allem aus drei Sternen der Größenklasse 3. Er ist ein Sternbild der Oktoberabende. Sie werden ihn im Süden etwas rechts vom Pegasus-Viereck entdecken. Das Sternbild wird durch eine Sternreihe zum Steinbock hin verlängert. Der sehr helle Stern in dieser Region ist Fomalhaut im Südlichen Fisch.

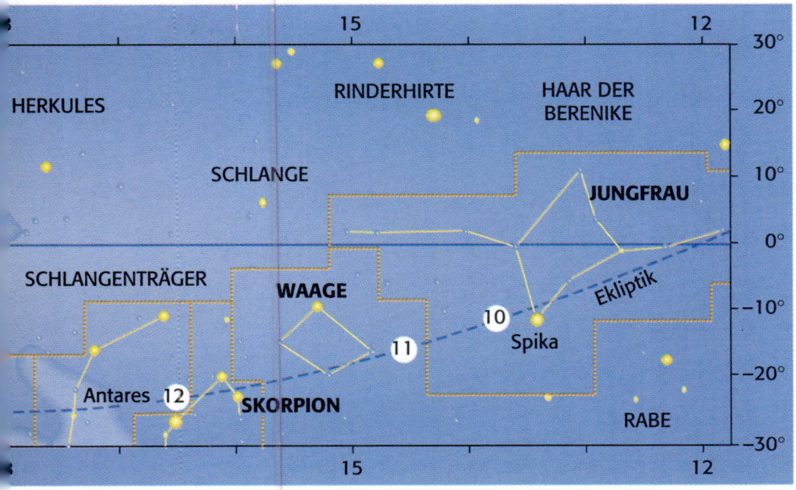

Der Tierkreis ist willkürlich in Abschnitte von je 30° unterteilt (= 360° : 12). Die Jungfrau z. B. bedeckt in Wirklichkeit 46°, der Skorpion hingegen nur 8°.

Beobachtungen mit bloßem Auge

Was ist ein Planet?

Das Himmelsgewölbe ist Ihnen nun vertrauter. Stellen Sie sich vor, wie überrascht Sie wären, wenn Sie nun bei einem Blick auf die bekannten Sternbilder einen hellen Stern entdecken würden, den Sie noch nicht kennen. Die Lösung des Rätsels wäre höchstwahrscheinlich, dass Sie einen Planeten gefunden hätten.

Planeten, die Nomaden des Himmels

Die Stellung der Sterne zueinander verändert sich praktisch nicht. Bereits vor 4000 Jahren beobachteten Chaldäer und Ägypter den Großen Bären, Orion und die Plejaden. Aber es gibt auch bewegliche Gestirne, die mal sichtbar, mal unsichtbar sind, und die sich vor dem gleich bleibenden Hintergrund des Himmelsgewölbes bewegen. In der Antike gab man ihnen den Namen „Planeten", was soviel bedeutet wie „die Umherirrenden".

Von einem Sternbild zum nächsten

Sobald Sie wissen, wie man den Planeten Mars findet, beobachten Sie ihn einmal mehrere Wochen hindurch und Sie werden bemerken, dass er sich langsam durch das Sternbild bewegt, in dem er sich befindet – so als gleite er zwischen den Sternen hindurch. Die Planeten kreisen: Wir finden sie mal in diesem, mal in jenem Sternbild. Dass sie dabei niemals die zwölf Tierkreissternbilder verlassen, die sich in einer Art Sternengürtel um den Himmel legen, hatten bereits die Sternbeobachter der Antike richtig erkannt.

Scheinbare Helligkeit und Entfernung

Die scheinbare Helligkeit der Planeten hängt von ihrer Entfernung zur Erde und zur Sonne ab, von ihrer Größe und ihrem Reflexionsvermögen. Venus ist beispielsweise der hellste aller Planeten, weil sie zum einen der Erde und der Sonne sehr nah ist und wir andererseits auf ihre blendende Wolkenhülle sehen. Von den neun großen Planeten, die wie die Erde um die Sonne kreisen, kann man fünf leicht mit bloßem Auge beobachten. Nach der zunehmenden Entfernung zur Sonne geordnet sind dies: Merkur, Venus, Mars, Jupiter und Saturn.

Die Planeten, andere Erden; die Sterne, andere Sonnen

Diese umherirrenden Lichtpunkte zwischen den Sternen leuchten nicht von alleine: Sie werden von der Sonne angestrahlt, deren Licht sie reflektieren, so wie es der Mond tut. Die Planeten sind weitere „Erden des Himmels", die zur Sonnenfamilie gehören: Die Astronomen sprechen von dieser als „Sonnensystem". Die Sterne hingegen sind weitere glühende Sonnen, die mit mehreren Tausend Grad strahlen.

Wie erkennt man die Planeten unter den Sternen?

Ganz einfach: Die Sterne flimmern und die Planeten tun dies nicht. Das lässt sich folgendermaßen erklären: Die Sterne sind so weit weg, dass sie uns nur als winzige Punkte erscheinen, und ihre Strahlung wird durch die Turbulenzen der Atmosphäre 10- bis 20-mal pro Sekunde gebrochen und abgelenkt. Daher scheint ihr Licht zu zittern.
Die Planeten andererseits erscheinen uns als kleine Scheiben, und das Lichtbündel, das sie uns schicken, besteht aus der Gesamt-

Dieses Planetentreffen, das durch einen wolkigen Himmel gestört wird, zeigt Mond, Venus, Jupiter und Merkur (in der Wolkenlücke).

heit einer großen Strahlenmenge, die von einer Oberfläche ausgesendet wird, die uns recht nahe ist. Daher ist ihr Leuchten stabil, außer am Horizont, wenn die Erdatmosphäre stark bewegt ist.

Kleine Scheiben

Wollen Sie besser begreifen, was ein Planet ist? Dann versuchen Sie, anhand der Auflistung der besten Sichtbarkeiten auf Seite 69 den günstigsten Zeitpunkt für die Beobachtung von Jupiter herauszufinden, und richten Sie Ihr Fernglas oder Spektiv, das Sie stabil auf einem Stativ befestigt haben, auf diesen so hell leuchtenden Planeten. Wenn Ihr Instrument 30fach vergrößert, werden Sie Jupiter etwa in derselben Größe sehen, in der wir den Mond mit bloßem Auge beobachten. Diese kleine Scheibe leuchtet nur aufgrund des Sonnenlichts, das sie reflektiert. Alle leuchtenden Planeten erscheinen als Scheibe, weil sie uns millionenmal näher sind als die Sterne.
Ganz dicht bei Jupiter werden Sie sogar vier winzige Gestirne entdecken, die eine Linie durch die Mitte des Planeten bilden: Es handelt sich um die Galileischen Monde, die Jupitermonde, die 1610 von Galileo Galilei entdeckt wurden.

Die Bewegung der Planeten

Eines der merkwürdigsten Schauspiele, das die Planeten dem bloßen Auge bieten, ist ihre Bewegung am Himmel, die man im Laufe von Wochen beobachten kann: Sie bewegen sich nach vorne, wieder zurück, dann erneut nach vorne. Erst Kopernikus konnte dieses Phänomen im Jahr 1543 erklären.

Die Planetenbewegungen: interessante Effekte der Perspektive

Schon den Beobachtern der Antike fiel die langsame Bewegung der Planeten gegenüber den Fixsternen auf. Verfolgen Sie die Bewegung des Planeten Mars wie unsere Ahnen, also mit bloßem Auge, vom Beginn einer Sichtbarkeitsperiode an: Er bewegt sich zunächst in östlicher Richtung. Sie werden feststellen, dass er irgendwann eine oder zwei Wochen lang stehen bleibt (man sagt, er ist stationär), dann bewegt er sich zurück nach Westen, bleibt wieder stehen und nimmt seinen Lauf nach Osten wieder auf. Diese Vorwärtsbewegungen, Stillstände und rückläufigen Bewegungen gaben den Astronomen des Altertums Rätsel auf, da sie noch nicht erkannt hatten, dass die Erde und die übrigen Planeten um die Sonne kreisen. Die sichtbaren Bewegungen der Planeten, wie wir sie von der Erde aus beobachten, entstehen nämlich durch das Zusammenspiel der Erdbewegung um die Sonne einerseits und die Drehungen der Planeten um die Sonne andererseits. Jeder Planet ist also ein Fall für sich.

Die Bewegung der Venus …

Betrachten Sie Venus, den Abendstern: An einem schönen Abend erscheint sie im weichen Licht des westlichen Abendrots. Sie entfernt sich von Tag zu Tag von der untergehenden Sonne und kann bis zu vier Stunden nach der Sonne untergehen. Dann nähert sie sich der Sonne allmählich wieder und verschwindet in ihrem Licht. Einige

Die Bahnen der Planeten um die Sonne

Saturn durchläuft den Himmel in 30 Jahren (29,46 Jahre).
Durchschnittliche Entfernung zur Sonne: 1429 Millionen km (9,5 AE); Umlaufgeschwindigkeit: 9,6 km/s.
Jupiter durchläuft den Himmel in 12 Jahren (11,86 Jahre).
Durchschnittliche Entfernung zur Sonne: 778 Millionen km (5,2 AE); Umlaufgeschwindigkeit: 13 km/s.
Mars durchläuft den Himmel in zwei Jahren (687 Tage).
Durchschnittliche Entfernung zur Sonne: 228 Millionen km (1,5 AE); Umlaufgeschwindigkeit: 24 km/s.
Merkur und **Venus** begleiten die Sonne, durchlaufen die Ekliptik also innerhalb eines Jahres. Sie sind 58 Millionen bzw. 108 Millionen km von der Sonne entfernt (0,4 AE und 0,7 AE) und vollziehen ihre Umdrehung in 88 Tagen mit 48 km/s bzw. 224 Tagen mit 35 km/s. Diese Planeten, die der Sonne näher sind als die Erde, werden als „innere" Planeten bezeichnet, die übrigen als „äußere".
Fügen wir nun noch den **Mond** hinzu, unseren Satelliten, der den Himmel in einem Monat durchläuft.
Vor 400 Jahren wurden die Planeten nach ihrer Bewegungsgeschwindigkeit vor dem Sternenhimmel klassifiziert. Die langsamsten sind am weitesten von der Sonne entfernt.

Wochen später schreitet Venus der Sonne als Morgenstern voraus, wobei sie sich auch jetzt zunächst immer weiter von ihr entfernt, um bald darauf wiederum in ihrem Licht zu versinken.

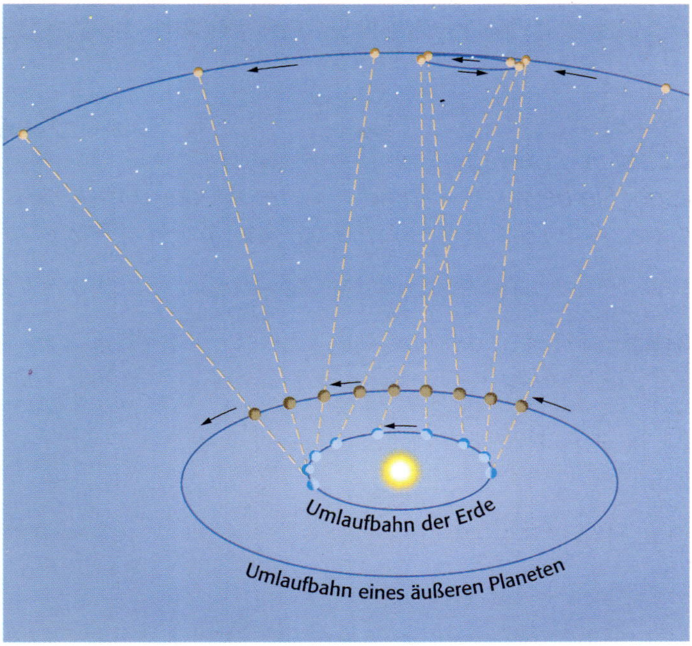

Dieses Schema erklärt die scheinbare, mal rechtläufige, mal rückläufige Bewegung eines Planeten, der von der Sonne weiter entfernt ist als die Erde, wie Mars, Jupiter und Saturn.

... und von Jupiter

Sehen wir uns nun Jupiter an. Er kreist in einer Entfernung um die Sonne, die fünfmal größer ist als die Entfernung Erde – Sonne (diese Entfernung entspricht einer Astronomischen Einheit oder AE, die etwa 149 600 000 km misst). Jupiter benötigt rund 12 Jahre für einen kompletten Umlauf. Innerhalb dieser 12 Jahre, die einer Jupiter-Himmelsrunde entsprechen, vollzieht die Erde 12 Umdrehungen um die Sonne und „überholt" dabei Jupiter 12-mal auf der Innenbahn. Die Jupiter-Bewegung, die wir sehen, ist also nicht ein einfacher Kreis, den er in 12 Jahren langsam beschreibt, sondern eine Kombination, ein Zusammenspiel aus seiner Bewegung und der Bewegung der Erde. Indem sich unser eigener Planet um die Sonne dreht, entsteht aus unserer Perspektive eine scheinbare Bewegung des Planeten am Sternenhimmel, vor dem er zu sehen ist. Die so von uns wahrgenommene Bewegung Jupiters vollzieht sich acht Monate hindurch in rechtläufiger und vier Monate lang in rückläufiger Richtung. In zwölf Jahren scheint sich Jupiters Bahn aus zwölf ziemlich engen Schleifen zusammenzusetzen. Diese Bewegungen, die den Astronomen der Antike Rätsel aufgaben, lassen sich so ganz einfach als Effekt der Perspektive erklären, wie er auch in einer Manege entsteht, in der die schnellen Pferde die langsamen, weiter außen laufenden, überholen.

Die Planetenbahnen sind Ellipsen

In Wirklichkeit beschreiben die Planeten Ellipsen um die Sonne. Sie befinden sich also an manchen Stellen ihrer Bahn näher an der Sonne als an anderen. Da sich nun aber alle Planeten, einschließlich der Erde, innerhalb sehr unterschiedlicher Zeiträume um die Sonne bewegen, folgt daraus, dass die Entfernung eines Planeten zur Erde mal kleiner und mal größer ist. Mars ist beispielsweise zu bestimmten Zeitpunkten viermal weiter von uns entfernt als zu anderen Zeiten. Das erklärt auch seine großen Helligkeitsschwankungen, die wir wahrnehmen.

Wie erkennt man einen Planeten?

Da die Planeten das Tierkreisband durchlaufen, finden Sie sie darin – und nur dort. Wenn Sie mit der Zeit alle Sternbilder des Tierkreises kennen, können Sie sich nicht mehr täuschen: Der „Gaststern" ist ein Planet, aber welcher?

Der Tierkreis, die Bahn der Planeten

Bereits in der frühesten Antike hatte man festgestellt, dass die Planeten sich niemals weit von der Ekliptik entfernen, der Linie, die die Sonne während eines Jahres scheinbar durchläuft. Der Abstand der hellen Planeten von dieser großen Kreisbahn an der Himmelskugel überschreitet niemals 8°. Stellen Sie sich also zwei parallele Linien am Himmel zu beiden Seiten der Ekliptik vor, die einen Abstand von 16° haben. So grenzen Sie die Tierkreiszone ein. Wir haben bereits gelernt, wie wir die zwölf Sternbilder erkennen. Natürlich tauchen die Planeten auf keiner Himmelskarte auf, da sie sich bewegen. Aber wenn Ihnen die Tierkreissternbilder erst einmal vertraut sind, werden Ihnen die Planeten als „fremde Lichter" in einem unveränderlichen Himmelsbild erscheinen, als kleine Punkte, die auf der Sternkarte „fehlen".

Die Venus identifizieren

Fünf Planeten sind mit bloßem Auge zu sehen. Zwei von ihnen sind besonders hell. Da ist zunächst Venus, die heller ist als Sirius. Sie können sie über mehrere Monate hinweg entweder morgens vor Sonnenaufgang oder abends nach Sonnenuntergang beobachten. Mitten in der Nacht ist Venus nie zu sehen. Sie ist ein strahlender Planet, der durch sein auffällig weißes Leuchten im Morgengrauen oder in der Abenddämmerung sofort die Blicke auf sich lenkt. Venus kann sogar Schatten produzieren. Sie können dies bei absoluter Dunkelheit nachprüfen, indem Sie einen Stift ganz dicht vor einem weißen Papier bewegen. Mitunter ist Venus sogar tagsüber zu sehen.

Beim Jupiter!

Jupiter leuchtet etwas weniger hell als Venus, er übertrifft aber noch die hellsten Sterne. Oft kann man ihn mitten in der Nacht beobachten, da seine Umlaufbahn die Umlaufbahn der Erde vollständig umgibt. Sein Leuchten ist mattweiß. Jupiter bleibt fast ein Jahr in jedem Tierkreissternbild.

Der orangerote Mars

Mars ist an seinem orangefarbenen Leuchten sofort von den übrigen Planeten zu unterscheiden; man könnte ihn jedoch mit Antares oder Aldebaran verwechseln, Sternen in der Nähe der Ekliptik. Seine Hellig-

PLANETEN UND GRÖSSENKLASSEN

Damit man die Planeten nicht verwechselt, ist es hilfreich, über ihre Helligkeiten Bescheid zu wissen. Natürlich ändern sich diese mit unterschiedlicher Entfernung, aber dennoch wird Saturn niemals heller leuchten als Venus oder Jupiter, und Jupiter wird in den meisten Fällen heller leuchten als Mars.
Hier sind daher die maximalen und minimalen Größenklassen der Planeten aufgelistet (je kleiner die Zahl, desto heller der Planet): Venus, zwischen –4,4 und –3,5; Jupiter, zwischen –3 und –2; Mars, zwischen –2,8 und +1,5; Saturn, zwischen –0,5 und +1,3; Merkur, zwischen –2 und +3.

keit schwankt stark: Manchmal ist er ebenso hell wie Jupiter, er kann aber auch lichtschwächer als Aldebaran sein ... Diese Helligkeitsänderungen vollziehen sich sehr rasch, innerhalb weniger Monate.

Saturn und Merkur

Saturn zeigt eine blassgelbe Farbe. Wenn Sie ihn in einem Tierkreissternbild gefunden haben, werden Sie ihn im folgenden Jahr in der Nähe wiederfinden, da er sich sehr langsam bewegt. Er verbleibt etwa zweieinhalb Jahre in jedem Sternbild des Tierkreises.
Die Suche nach Merkur, in den Nebeln von Morgen- oder Abenddämmerung, ganz dicht am Horizont, ist da wesentlich schwieriger. In der Stadt ist sie praktisch aussichtslos. In den Tropen hingegen kann man Merkur ziemlich regelmäßig beobachten.

In der Morgenröte erscheinen (in der Reihenfolge abnehmender Helligkeit) Mond, Venus, Saturn und Merkur aufgrund der Perspektive dicht beieinander.

Hilfsmittel zur Lokalisierung

Um die Planeten wiederzufinden und zu verfolgen, nutzen Sie die Informationen, die in einigen astronomischen Jahrbüchern (s. S. 138) veröffentlicht werden, oder abonnieren Sie eine Astronomie-Zeitschrift für Hobby-Astronomen. Fast alle diese Zeitschriften und Bücher haben eine Rubrik wie „Wo sind die Planeten zu finden?“. Dort werden Sie die Positionen und Beobachtungsbedingungen für diese fünf Planeten finden, die mit bloßem Auge sichtbar sind.

Planeten, die man nicht mit bloßem Auge sehen kann

Von Uranus, Neptun und Pluto, den drei sehr weit entfernten Planeten, die nicht mit bloßem Auge zu sehen sind, haben wir noch nicht gesprochen, ebensowenig von den Asteroiden, den Miniplaneten, die zwischen den Umlaufbahnen von Mars und Jupiter kreisen. Um sie erkennen zu können, muss man gut ausgerüstet sein, vor allem muss man ihre Koordinaten kennen, anhand derer sie auf dem Himmelsglobus aufzufinden sind.

Unser Sonnensystem

Um wirklich verstehen zu können, wie sich die Planeten bewegen und weshalb sie in Konjunktion und Opposition treten, müssen wir uns klarmachen, von wo aus wir sie beobachten: von einem Punkt innerhalb des Sonnensystems, das wir im Profil sehen und in dem sich die Planeten genauso bewegen wie wir.

Ein Sonnensystem in Aufsicht …

Sicherlich haben Sie schon einmal in einem Buch eine allgemeine Darstellung des Sonnensystems betrachtet. Sie besteht aus konzentrischen Kreisen, deren Radien mit wachsender Entfernung vom Zentrum, in dem die Sonne steht, immer größer werden. Ein Beobachter, der sich diesem System frontal gegenüber befände, würde somit auf winzige Punkte blicken, die langsam um ein funkelndes Feuer kreisen.

… oder in Wirklichkeit: im Profil

Leider können wir von der Erde aus die ungefähr kreisförmigen Bewegungen der Planeten um die Sonne nicht sehen. Wir sehen all das im Profil, als würden wir das erwähnte Schema im Schnitt sehen. Deshalb verlaufen die Planetenbahnen an „unserem Himmel" etwa parallel zueinander innerhalb des Tierkreises. Da aber die Erdachse in Bezug auf die Planetenbahnen geneigt ist, bewegen sich die Planeten im Lauf von Wochen und Monaten in schräger Linie über die Himmelskugel. Sie laufen etwa auf der Ekliptik, der Erdumlaufbahn um die Sonne.

Die Bewegungen der Planeten: Konjunktion, Opposition

Eine „Konjunktion" ist eine Annäherung von zwei Gestirnen aus unserer Perspektive.

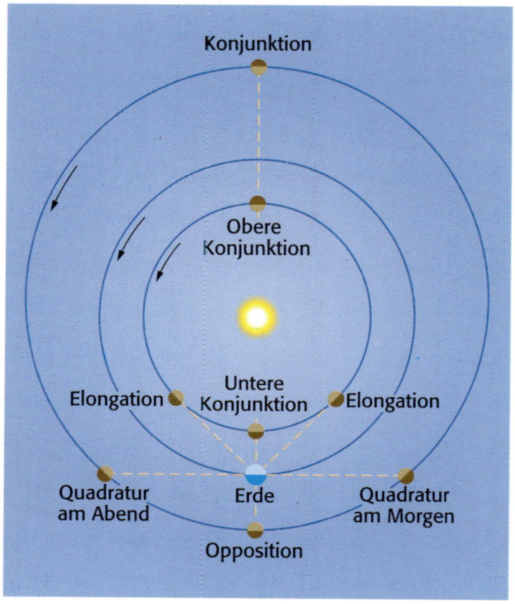

Diese Abbildung zeigt, wie es von der Erde aus betrachtet zu Konjunktionen, Oppositionen, Quadraturen oder Elongationen eines inneren oder äußeren Planeten kommt.

Wenn sich Venus in „unterer Konjunktion" mit der Sonne befindet, bedeutet dies: Erde, Venus und Sonne befinden sich auf einer Linie, und Venus scheint sich zwischen Sonne und Erde hindurchzuschieben. Im Falle einer „oberen Konjunktion" verläuft die Linie durch Erde – Sonne – Venus, wobei sich Venus dann hinter der Sonne befindet und dabei durch deren helles Licht unsichtbar wird.

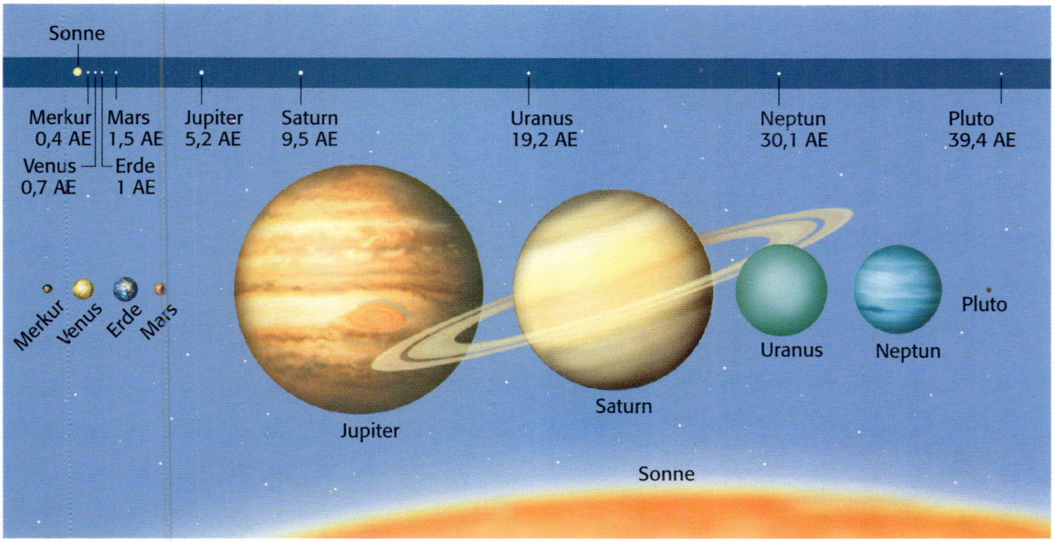

Dieses vereinfachte Schema des Sonnensystems zeigt einen Größenvergleich der Planeten. Ihr Abstand zur Sonne wird in Astronomischen Einheiten (AE) ausgedrückt, wobei 1 AE der Entfernung Erde – Sonne (also 149 600 000 km) entspricht. Alle Planeten zusammen machen nicht einmal 1 % der Sonnenmasse aus!

Die „Opposition“ gibt es nur bei den äußeren Planeten: Mars, Jupiter und Saturn. Es handelt sich dabei um den Moment, in dem die Erde genau zwischen dem entsprechenden Planeten und der Sonne steht.
Die westliche oder östliche Quadratur bezeichnet die Zeitpunkte, zu denen ein äußerer Planet mit Erde und Sonne einen Winkel von 90° bildet. Man sagt, ein innerer Planet befinde sich in „größter Elongation“, wenn seine scheinbare Entfernung zur Sonne am größten ist.

Das Beispiel Jupiter

Wenn sich Jupiter 90° westlich der Sonne befindet, steht er bei Sonnenaufgang noch hoch am Himmel. Der Planet befindet sich dann in westlicher Quadratur. Seine Bewegung von West nach Ost wird langsamer, und Jupiter wird in Bezug auf die Sterne stationär. Danach beginnt die rückläufige Bewegung. Zwei Monate später stehen Sonne, Erde und Jupiter in einer Linie: Dies ist die Opposition, die Zeit, in der die Entfernung Erde – Jupiter am geringsten ist und wir Jupiters Leuchten als besonders hell empfinden. Jupiter ist dann die ganze Nacht hindurch zu sehen und erreicht seinen höchsten Punkt im Süden gegen Mitternacht.
Zwei Monate später endet die Rückläufigkeit und Jupiter befindet sich 90° östlich der Sonne, in östlicher Quadratur. Sie können ihn dann abends nach Sonnenuntergang beobachten. Danach nähert sich der Planet wieder der Sonne und tritt schließlich in Konjunktion mit ihr: Erde, Sonne und Jupiter stehen auf einer Linie, wobei sich die Sonne diesmal zwischen den beiden Planeten befindet.
Dasselbe Schema gilt für Mars und Saturn. Bei Jupiter und Saturn beobachtet man jedes Jahr eine Opposition; bei Mars vergehen zwischen zwei Oppositionen durchschnittlich zwei Jahre und zwei Monate.

Wann sind die Planeten zu sehen?

Venus zeigt sich uns abwechselnd als Abendstern und Morgenstern. Während die Erde um die Sonne läuft, kreisen auch die anderen Planeten. Man kann sie also an unterschiedlichen Punkten im Tierkreisgürtel finden. Man muss nur wissen, wo ...

Merkur, ein Spezialfall

Merkur ist ein schwer erkennbares Gestirn, das nur schwach gelblich in Horizontnähe am noch oder bereits aufgehellten Himmel leuchtet. Der Planet läuft der Sonne niemals mehr als zwei Stunden voraus oder hinterher. Die besten Zeiten, um nach ihm zu suchen, sind die während seiner größten Elongationen, obwohl er auch dann nicht immer zu sehen ist. Informieren Sie sich in einem Astronomie-Jahrbuch über die Zeitpunkte seiner Sichtbarkeit. Die optimalen Sichtbarkeitsphasen sind um den 1. Mai abends und den 20. Oktober morgens.
Die Merkur-Sichtbarkeit beschränkt sich höchstens auf einige Abende oder Morgende um das Datum einer Elongation. Um Merkur zu sehen, benötigt man einen sehr klaren West- oder Ostorizont. Suchen Sie ihn etwas links von der Stelle, an der die Sonne gerade unterging, oder ein wenig rechts von dem Punkt, an dem sie aufgehen wird. Im Allgemeinen blickt man zu weit nach oben. Hilfreich ist auch ein Fernglas, wenn man weiß, wo man suchen muss. Am Horizont einer Großstadt ist Merkur nur sehr schwierig zu entdecken.

Venus, Morgenstern und Abendstern

Venus ist der hellste Planet. Sie kann am Abend hinter der Sonne vier Stunden zurückbleiben oder ihr am Morgen entsprechend vorauseilen. Sie ist daher abwechselnd Abendstern oder Morgenstern.

Merkur erscheint während seiner kurzen Sichtbarkeiten im Schein des Morgen- oder Abendrots stets nah am Horizont.

STECKBRIEF MERKUR

- Durchmesser: 4900 km
- Abstand von der Sonne: 58 Millionen km
- Temperatur: 430 °C am Tag und –170 °C in der Nacht
- Monde: keiner
- Umlaufzeit: 88 Tage
- Tageslänge: 58,65 Tage
- Masse im Vergleich zur Erde: 0,05
- Mittlere Dichte: 5,41 (wobei Wasser die Dichte 1 hat)
- Bahnneigung zur Ekliptik: 7°

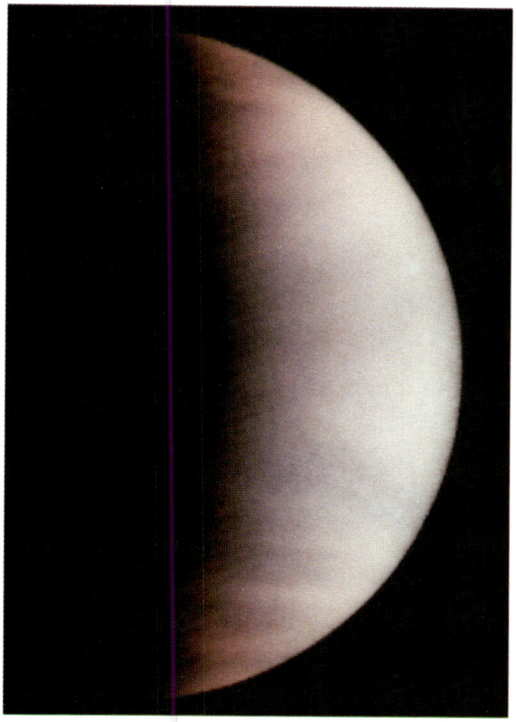

Wie Mond und Merkur zeigt auch die Venus Phasen.

Steckbrief Venus

- Durchmesser: 12 100 km
- Abstand von der Sonne: 108 Millionen km
- Temperatur: 470 °C am Tag
- Monde: keiner
- Umlaufzeit: 224 Tage
- Tageslänge: 243 Tage (rückläufige Rotation)
- Masse im Vergleich zur Erde: 0,8
- Mittlere Dichte: 5,25
- Bahnneigung zur Ekliptik: 3° 24′

Um ihre größten östlichen Elongationen herum ist sie für fünf Monate am Abend zu sehen, und nach einer Zeitspanne von mehreren Wochen, in der sie nicht zu sehen ist, eilt sie dem Sonnenaufgang voraus und ist wiederum fünf Monate hindurch am Morgenhimmel sichtbar. Dann verschwindet sie im hellen Schein der Sonne, schiebt sich hinter diese und bleibt acht Monate lang unsichtbar.
Da die Erde in 8 Jahren acht Runden um die Sonne dreht und Venus 13, erscheint Venus, von der Erde aus gesehen, nach 8 Jahren fast wieder an derselben Stelle.

Günstige Elongationen von Venus

In unseren Breiten sind die geeignetsten Abend-Elongationen die im Frühling, die besten Morgen-Elongationen finden im Herbst statt.

Größte Elongationen von Venus	Günstige Sichtbarkeit		
29. März 2004 abends	Jan. 2004	–	Juni 2004
18. Aug. 2004 morgens	Juli 2004	–	Dez. 2004
3. Nov. 2005 abends	Sept. 2005	–	Jan. 2006
26. März 2006 morgens	Febr. 2006	–	Juni 2006
10. Juni 2007 abends	März 2007	–	Sept. 2007
28. Okt. 2007 morgens	Juli 2007	–	Jan. 2008
14. Jan. 2009 abends	Nov. 2008	–	April 2009
05. Juni 2009 morgens	April 2009	–	Sept. 2009
19. Aug. 2010 abends	Mai 2010	–	Okt. 2010

Mars

Jeder weiß, dass der Planet Mars rötlich ist. Seine Oppositionen kehren durchschnittlich alle 780 Tage wieder. An diesen Tagen zieht der helle Mars gegen Mitternacht über den südlichen Meridian. Die Bewegung des Planeten durch die Tierkreissternbilder ist recht schnell und erscheint mit ihren großen Schleifen ein wenig launenhaft.
Eine sehr einfache Art, Mars zu identifizieren, besteht darin, seine kurze Konjunktion mit dem Mond zu nutzen, die sich jeden Monat wiederholt. An welchen Tagen diese Phänomene aus unserer Himmelsperspektive auftreten, ist in Astronomie-Jahrbüchern angegeben. Wenn Sie den Planeten aufgespürt haben, trainieren Sie, ihn jeden Abend zu verfolgen.

STECKBRIEF MARS

- Durchmesser: 6800 km
- Abstand von der Sonne: 228 Millionen km
- Temperatur: zwischen +20 und –130 °C
- Monde: 2
- Umlaufzeit: 687 Tage
- Tageslänge: 24 h 37 min
- Masse im Vergleich zur Erde: 0,11
- Mittlere Dichte: 3,93
- Bahnneigung zur Ekliptik: 1° 51′

Mars erscheint als rot-orangefarbener Planet. Hier kann man die nördliche Polkappe gut sehen.

Günstige Oppositionen von Mars

Im Mai 2005 beispielsweise beginnt der Planet Mars morgens, vor Sonnenaufgang, im Osten sichtbar zu werden. Am 7. November 2005 befindet er sich in Opposition, in seiner minimalen Entfernung zur Erde also. Er ist dann die ganze Nacht hindurch zu sehen. Im April 2006 kann man ihn noch am Horizont des Sonnenuntergangs sehen, bevor er sich in den Strahlen der Sonne verliert.

Oppositionen von Mars	Günstige Sichtbarkeit		
7. Nov. 2005	Mai 2005	–	April 2006
24. Dez. 2007	Juni 2007	–	Juni 2008
29. Jan. 2010	Aug. 2009	–	Aug. 2010
3. März 2012	Okt. 2011	–	Sept. 2012
8. April. 2014	Sept. 2013	–	Sept. 2014
22. Mai 2016	Nov. 2015	–	Nov. 2016

Jupiter

Die Oppositionen von Jupiter finden durchschnittlich alle 398 Tage statt. Dann erreicht der Planet gegen Mitternacht im Süden seinen höchsten Punkt über dem Horizont.
Bei uns sind die Oppositionen von November bis Januar für Beobachtungen am besten geeignet, am wenigsten eignen sich diejenigen von Mai bis Juli, da der Planet dann recht tief über dem Horizont steht.
Im Vergleich zu Venus erscheint Jupiter, der etwas weniger hell leuchtet, gelblich. Seine Bewegung durch die Sternbilder des Tierkreises ist relativ langsam, da er ein Jahr in jedem Sternbild verweilt. Jede Opposition scheint somit im Vergleich zu der des Vorjahres um etwas mehr als einen Monat nach hinten verschoben.

Günstige Oppositionen von Jupiter

Im November 2004 wird Jupiter beispielsweise morgens, vor Sonnenaufgang, am

STECKBRIEF JUPITER

- Durchmesser: 143 000 km
- Abstand von der Sonne: 778 Millionen km
- Temperatur der höchsten Wolken: –150 °C
- Monde: mindestens 60
- Umlaufzeit: 11,86 Jahre
- Tageslänge: 9 h 50 min
- Masse im Vergleich zur Erde: 318
- Mittlere Dichte: 1,31
- Bahnneigung zur Ekliptik: 1° 19′

östlichen Horizont zu sehen sein. Am 3. April 2005 befindet er sich in Opposition, er ist also die ganze Nacht zu sehen. Im August 2005 sieht man ihn abends am westlichen Horizont, bevor er verschwindet. Die unten stehende Tabelle zeigt, dass Jupiter nach 12 Jahren, zwischen Februar 2003 und Februar 2015, wieder am selben Punkt ankommt: Er hat die Sonne einmal komplett umrundet.

Oppositionen von Jupiter	**Günstige Sichtbarkeit**		
(2. Februar 2003	Sept. 2002	–	Juni 2003)
3. März 2004	Okt. 2003	–	Juli 2004
3. April 2005	Nov. 2004	–	Aug. 2005
4. Mai 2006	Dez. 2005	–	Sept. 2006
6. Juni 2007	Jan. 2007	–	Okt. 2007
9. Juli 2008	Febr. 2008	–	Nov. 2009
14. Aug. 2009	März 2009	–	Dez. 2009
21. Sept. 2010	Apr. 2010	–	Jan. 2011
29. Okt. 2011	Mai 2011	–	Febr. 2012
3. Dez. 2012	Juli 2012	–	April 2013
6. Jan. 2014	Aug. 2013	–	Mai 2014
7. Febr. 2015	Sept. 2014	–	Juni 2015

Saturn

Die Oppositionen von Saturn wiederholen sich etwa alle 378 Tage, so dass jede Opposition mit einer Verspätung von 13 Tagen zu der des Vorjahrs auftritt. Saturn bleibt somit zweieinhalb Jahre in jedem Sternbild des Tierkreises, und er braucht 30 Jahre für seine Himmelsrunde. Er ist weniger hell als Jupiter, neben dem er orangegelb erscheint. Die Ringe können selbst mit dem stärksten Fernglas nicht beobachtet werden. Man benötigt ein Fernrohr mit einer Objektivöffnung von mindestens 40 mm und etwa 50facher Vergrößerung, um das Ringsystem erahnen zu können. Auch einige Spektive haben die notwendige Leistungsfähigkeit.

Steckbrief Saturn

- Durchmesser: 120 500 km
- Abstand von der Sonne: 1429 Millionen km
- Temperatur der höchsten Wolken: –190 °C
- Monde: mindestens 30
- Umlaufzeit: 29,46 Jahre
- Tageslänge: 10 h 39 min
- Masse im Vergleich zur Erde: 95
- Mittlere Dichte: 0,69
- Bahnneigung zur Ekliptik: 2° 29′

Günstige Oppositionen von Saturn

Saturn wird beispielsweise im September 2004 am Morgen, vor Sonnenaufgang am östlichen Horizont allmählich sichtbar. Am 13. Januar 2005 befindet er sich in Opposition, kann also die ganze Nacht hindurch beobachtet werden. Im Juni 2005 ist er abends am westlichen Horizont zu sehen, bevor er verschwindet.

Oppositionen von Saturn	**Günstige Sichtbarkeit**		
31. Dez. 2003	Aug. 2003	–	Mai 2004
13. Jan. 2005	Sept. 2004	–	Juni 2005
27. Jan. 2006	Sept. 2005	–	Juni 2006
11. Febr. 2007	Okt. 2006	–	Juli 2007
25. Febr. 2008	Okt. 2007	–	Juli 2008
9. März 2009	Nov. 2008	–	Aug. 2009
22. März 2009	Nov. 2009	–	Aug. 2010
4. April 2011	Dez. 2010	–	Sept. 2011
16. April 2012	Dez. 2011	–	Sept. 2012
28. April 2013	Dez. 2012	–	Sept. 2013

Saturn und sein 1655 entdecktes Ringsystem.

Wenn die Sterne Paare sind

Mehr als die Hälfte aller Sterne sind in Wirklichkeit Doppelsterne. Die meisten erscheinen uns jedoch nur als Einzelstern, da die beiden Partner entweder zu nah beisammen stehen oder eine Komponente viel heller ist als die andere. Der dunklere Begleiter wird dann von seinem Partner einfach überstrahlt.

Das Auge, das erste astronomische Instrument

Bis zu Beginn des 17. Jahrhunderts war das Auge das einzige Instrument der Astronomen. Es ist zwar klein (der Durchmesser der Pupille ist nicht größer als 6 oder 7 mm im Dunkeln und 1,5 mm in der Sonne), dafür aber sehr empfindlich, und man kann mit ihm Sterne sehen, die 1000-mal schwächer leuchten als Sirius.
Ein normales Auge trennt gewöhnlich bei gutem Licht zwei Punkte, die eine Bogenminute (') auseinander liegen. Leider nimmt die Sehschärfe nachts erheblich ab, da sich die Pupille weiter öffnet und das Auge, dessen Irisblende nun größer ist, weniger gestochen scharfe Bilder liefert. Eigene Tests werden Ihnen beweisen, dass es sehr schwierig ist, Sternpaare wahrzunehmen, die weniger als 4' (das entspricht etwa einem Achtel des Vollmonddurchmessers) voneinander entfernt sind.

Doppelsterne für das bloße Auge

Die wichtigste Anforderung bei der Suche nach schönen Doppelsternen ist die, dass man den Himmel gut kennen muss. Man braucht daher eine gute Himmelskarte, die die Sterne bis zur Größenklasse 6 beinhaltet, dem Limit für die Erkennbarkeit mit bloßem Auge.
Der Anblick eines einzelnen Sterns wie Wega oder Arktur ist nur von begrenztem Interesse. Die Beobachtung eines Doppelsterns hingegen hat einen gewissen Reiz, da man dabei sein Fernglas testen, die atmosphärische Unruhe „spüren" und sogar seine Sehkraft überprüfen kann. Betrachtet man farbige Paare durch ein Fernglas mit Stativ, kommt der ästhetische Genuss noch hinzu.

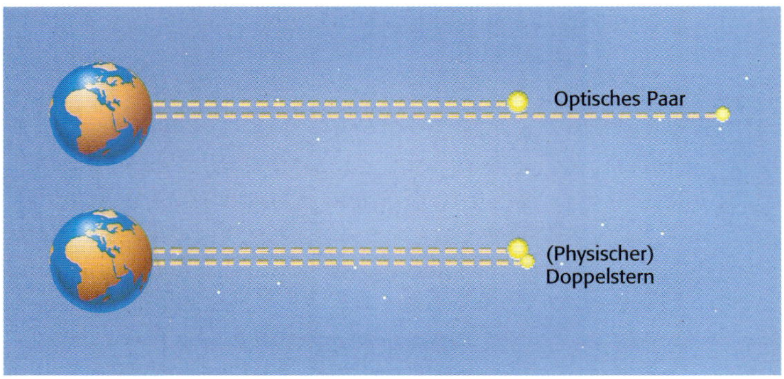

Zwei scheinbar benachbarte Sterne am Himmel können sehr weit voneinander entfernt sein, jedoch in derselben Blickrichtung liegen: Dann handelt es sich um ein „optisches" Paar. Wenn sie tatsächlich durch gegenseitige Anziehung verbunden und einander wirklich nahe sind, handelt es sich um einen „physischen" Doppelstern.

Das berühmte Paar Mizar und Alkor

Ein Beispiel: Beginnen Sie am besten bei Mizar im Großen Bären, der in mittleren Breiten immer zu sehen ist. Im

TRICK ZUM BESSEREN SEHEN

Vielleicht sehen Sie manchmal nur einen Stern, obwohl es eigentlich zwei sein sollten. Fixieren Sie die beiden Sterne dann nicht, sondern richten Sie Ihren Blick auf einen imaginären Punkt etwas abseits des Objekts, das Sie erkunden wollen. Durch diesen „schrägen“ Blick wird es Ihnen gelingen, schwierige Paare optisch zu trennen. Die empfindlichste Stelle Ihrer Netzhaut befindet sich nämlich nicht genau in der Mitte Ihrer Pupille, sondern etwas daneben. Derselbe Trick hilft auch bei der Suche nach diffusen lichtschwachen Objekten wie Sternhaufen, Nebeln oder entfernten Galaxien mit dem Fernglas oder mit dem Teleskop.

„Schwanz“ des Sternbilds handelt es sich um den zweiten Stern. Wenn Sie Mizar bei klarem mondlosen Himmel beobachten, wird Ihnen direkt daneben ein kleiner, weniger heller Stern auffallen: Dies ist Alkor, der der Größenklasse 4 angehört, während Mizar zur Größenklasse 2 gehört. Alkor ist arabisch und bedeutet „Prüfung“. Hier können Sie tatsächlich sehr gut Ihre Sehschärfe oder die exakte optische Korrektur Ihrer Brille überprüfen. Mizar und Alkor sind durch einen Abstand von 12’ getrennt, was einem Drittel des Vollmonddurchmessers entspricht. Die Astronomen sagen, es handle sich um ein „optisches Paar“, bei dem zwei Gestirne am Himmel zufällig durch den Effekt der Perspektive zusammenrücken. Ihre tatsächliche Entfernung voneinander im Raum beträgt mehrere Lichtjahre.

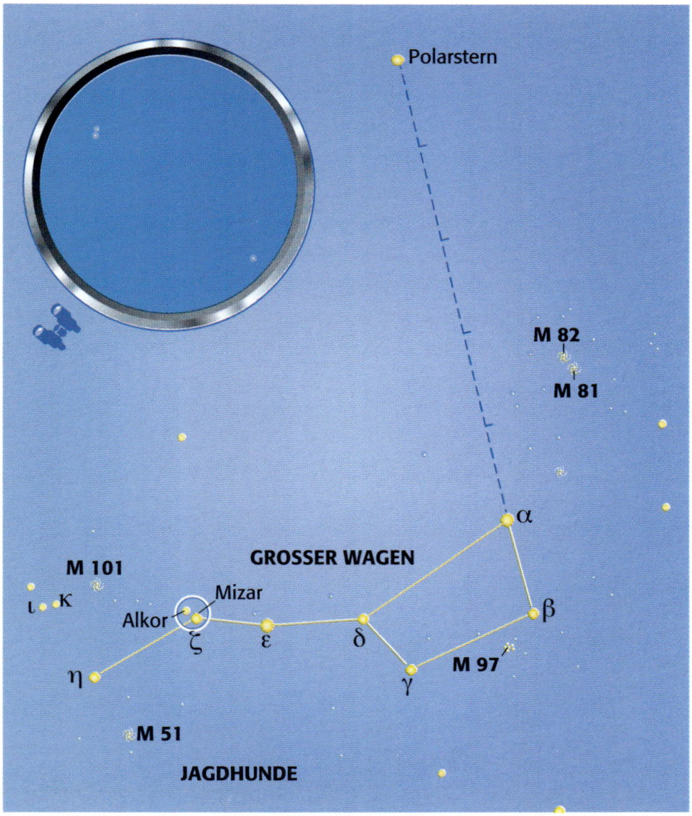

Der Große Bär birgt zahlreiche Beobachtungsobjekte, darunter das optische Paar Mizar und Alkor, sowie einige diffuse Objekte, die man mit etwas Glück mit einem Fernglas aufspüren kann: M 51, M 81, M 82, und M 101. Sie sind aber alle schwierig zu sehen.

Mizar, selbst ein Doppelstern

Nehmen Sie nun einmal mit einem guten Spektiv auf einem Stativ Mizar ins Visier – Sie werden erstaunt sein, dass sich der Stern als zwei dicht beieinander stehende Punkte entpuppt, die nur 14” voneinander entfernt sind. Es handelt sich um die beiden Partner eines wahren physischen Doppelsterns.
In vielen Fällen kreist der kleinere Partner um den größeren, so wie ein Planet um die Sonne kreist. Wenn beide Sterne fast gleich groß sind, kreisen sie um ihr gemeinsames Schwerkraftzentrum.

Einige Doppelsterne, die man mit bloßem Auge sehen kann

Die folgende Liste enthält eng benachbarte Sterne, die Sie recht leicht am Himmel finden können und die mit bloßem Auge zu trennen sind. Bei einigen von ihnen lässt sich die Beobachtung mit dem Fernglas noch intensivieren. Auf Seite 97 finden Sie eine Liste der Paare, die ausschließlich mit dem Fernglas als solche zu erkennen sind.

Stern	Winkelabstand	Helligkeiten der Partner
Gamma im Kleinen Bären	17′	3 – 5,8
Omega im Skorpion	14′ 30″	4,0 – 4,5
Mizar und Alkor im Großen Bären	11′ 48″	2,5 – 4,5
Sigma im Stier	7′	4,7 – 5,0
Mü im Skorpion	6′	3,0 – 3,6
Alpha im Steinbock	6′	3,6 – 4,5
Theta im Stier	5′ 30″	3,4 – 3,8
31 im Schwan	5′ 30″	4 – 5
Alpha in der Waage	4′	3 – 5,5
Epsilon in der Leier	3′ 30″	5,0 – 5,2

Das erste Paar (Gamma im Kleinen Bären) lässt sich trotz seiner isolierten Position schwer als zwei Sterne zu erkennen, da der eine Partner im Vergleich zum anderen sehr lichtschwach ist. Die sechs letzten sind nur bei sehr guter Sicht als Paare erkennbar. Der letzte Doppelstern erscheint den meisten Beobachtern nur als ein einziger Stern, der manchmal etwas undeutlich aussieht.

Und siehe: Es sind zwei!

Die meisten Doppelsterne erscheinen mit bloßem Auge als ein einziger Stern. Man sieht sie nur doppelt, wenn man ein Instrument auf sie richtet, das ausreichend stark vergrößert. Wenn ein Fernrohr ein Okular mit schwacher Vergrößerung besitzt, scheinen sich die beiden Sterne zu berühren, aber mit zunehmender Vergrößerung rücken sie auseinander. Die große Entfernung, die uns von ihnen trennt, ist der einzige Grund dafür, dass wir sie mit bloßem Auge nicht erkennen. Sie dürfen nicht vergessen, dass sie von unserem Sonnensystem Hunderte von Billionen Kilometer entfernt sind (eine Billion = Tausend Milliarden!)
Heute sind fast 70 000 Doppelsterne oder Mehrfachsterne katalogisiert und vermessen, aber die Umlaufbahnen konnten bisher nur für 2 % davon berechnet werden.

Was ist ein Sternhaufen?

In manchen Regionen des Weltraums gibt es mehr oder weniger dichte Konzentrationen von Sternen, die nicht zufällig bestehen. Diese Zonen, in denen sich eine große Anzahl von Sternen gleichzeitig gebildet hat, bezeichnet man als „Sternhaufen“. Wir wollen uns drei davon ansehen, die man bereits mit bloßem Auge sehen kann.

Blick auf die Plejaden

Bestimmt ist Ihnen schon der Sternhaufen im Sternbild Stier aufgefallen, der von September bis April am Abend deutlich zu sehen ist. Es handelt sich um ein kleines Sternen„paket“ aus sehr hellen und nahe beieinander liegenden Sternen. Um es sicher zu finden, beginnen Sie beim Orientierungssternbild Orion (s. S. 36). In dessen Mitte leuchten die Gürtelsterne: Verlängern Sie die durch sie gebildete Linie etwas gebogen nach oben rechts. Dort trifft sie auf Aldebaran, der von den Hyaden umgeben ist, und noch etwas weiter oben auf die Plejaden. Die Astronomen nennen diesen Sternhaufen M 45. Er ist etwa 380 Lichtjahre von uns entfernt.
Die Plejaden nehmen am Himmel einen Kreis mit einem Durchmesser von etwa 1,5° ein (was drei Vollmonden entspricht). Es kommt übrigens vor, dass der Mond einen

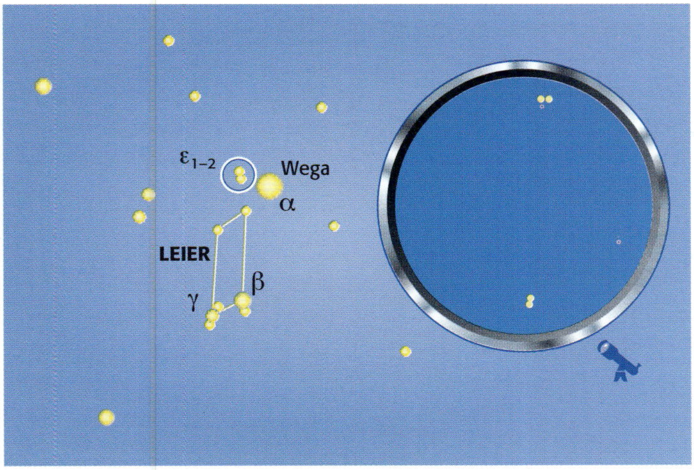

Im Sternbild Leier erscheint der Stern Epsilon mit bloßem Auge meist verwischt. Durch das Fernglas sieht man ihn doppelt und durch das Teleskop wird er sogar zum Vierfachstern!

Teil von ihnen verdeckt, wenn er vor ihnen vorüberzieht (vgl. S. 39).

Die Hyaden um Aldebaran

Die Nachbarschaft zu Aldebaran, den zu finden wir bereits gelernt haben, erleichtert die Suche nach den Hyaden (s. S. 36). Sie sind weniger dicht und kompakt als die Plejaden. Ein gutes Dutzend Sterne sind dort mit bloßem Auge zu sehen, mit einem Fernrohr kann man über 100 Sterne erkennen.

Ein Atmosphärentest: der Sternhaufen Krippe

Für die Astronomen ist es M 44; die Bauern nannten ihn früher den Bienenstock. Man bezeichnet diesen Sternhaufen oft auch als Krippe oder lateinisch Praesepe.
Der Orientierungsstern ist Delta im Krebs, der sich auf der Ekliptik befindet, etwa gleich weit von Regulus im Löwen und Delta in den Zwillingen entfernt. Mit bloßem Auge hält man die Krippe für einen wolkigen Fleck, und nur mit dem Fernglas gelingt es, einzelne Sterne auszumachen. Sie werden dort etwa dreißig lichtschwache Sterne entdecken. Durch das Teleskop kann man mehrere hundert Gestirne in lockerer Anordnung beobachten.
Mithilfe dieses Sternhaufens im Krebs können Sie die Verschmutzung in diesem Bereich der Atmosphäre untersuchen. Bei sauberer, klarer Nachtluft erscheint die Krippe mit bloßem Auge als blasser Fleck, der gut zu erkennen ist. Stören Nebel und Licht die Sicht, ist der Sternhaufen absolut unsichtbar.
Ab S. 92 werden wir weitere interessante Sternhaufen für das Fernglas kennen lernen.

Im Frühling ist der Sternhaufen Krippe (M 44) im Krebs bei völlig klarer Nacht als Wölkchen zu sehen.

Die Milchstraße

Sie alle haben schon den langen schwach leuchtenden Streifen gesehen, der sich wie ein riesiger Bogen von einem Horizont zum anderen zieht: Es ist die Milchstraße, unsere Galaxie. Erforschen Sie sie in einer schönen mondlosen August- oder Septembernacht gegen Mitternacht. Sie sieht dann aus wie eine diffuse milchige Spur, die den Himmel von Nordost nach Südwest durchquert und dabei durch den Zenit läuft.

Dieser Teil der Milchstraße ist in mittleren Breiten an Sommer- und Herbstabenden bei dunklem Himmel und guter Horizontsicht zu sehen.

Durch welche Sternbilder verläuft sie?

Die Milchstraße durchquert die Sternbilder Perseus, Kassiopeia, Kepheus, Schwan und Adler. Im Sommer teilt sie sich über dem südwestlichen Horizont in zwei Äste, die etwa 15 Grad weit auseinander laufen: Der linke verläuft durch den Schild und den Schützen, später in einer Ausbuchtung durch den Skorpion. Der rechte Arm ragt in den Schlangenträger und die Schlange. Im Südhimmel hat sich die Milchstraße wieder zu einem Ast vereinigt und durchquert den Zentaur, das Kreuz des Südens, das Segel und das Hinterdeck. Im Winter können wir sie dann im Großen Hund und im Einhorn entdecken, sie zieht an Orion vorbei und durchquert schließlich die Zwillinge und den Fuhrmann. Der Kreis schließt sich dort wieder, und wenn die Erde plötzlich durchsichtig würde, würden Sie die Milchstraße als eine Art weißlichen Gürtel wahrnehmen, der uns umgibt. Der südliche Teil der Milchstraße, den man von den Tropen aus beobachten kann, ist wesentlich reicher an Sternen als der nördliche.

Erkundung mit dem Fernglas

Richten Sie in einer klaren, mondlosen August- oder Septembernacht das Fernglas (am besten 7x50) gegen Mitternacht auf die Milchstraße, und zwar auf die hellen Regionen im Schwan, Adler oder Schützen.

Stellen Sie das Fernglas exakt scharf, so dass Sie jeden Stern wie eine Nadelspitze erkennen können. Geben Sie Ihren Augen Zeit, sich anzupassen, und bald werden Sie in Ihrem Instrument einen Teppich aus himmlischem Diamantenstaub entdecken, von dem jedes einzelne Körnchen eine Sonne ist!

Die Milch der Hera

Der Legende nach entstand die Milchstraße aus einem Tropfen Milch aus Heras Brust, an der Herkules gerade sog. Daher rührt der Name Milchstraße, auf Griechisch galactos, woraus sich das Wort „Galaxie" ableitet. Sie ist eine Ballung von Sternen in Form einer abgeflachten Spirale, die aufgrund der Perspektive am Himmel so gedrängt erscheinen, dass man sie nicht mehr als einzelne Sterne erkennen kann.

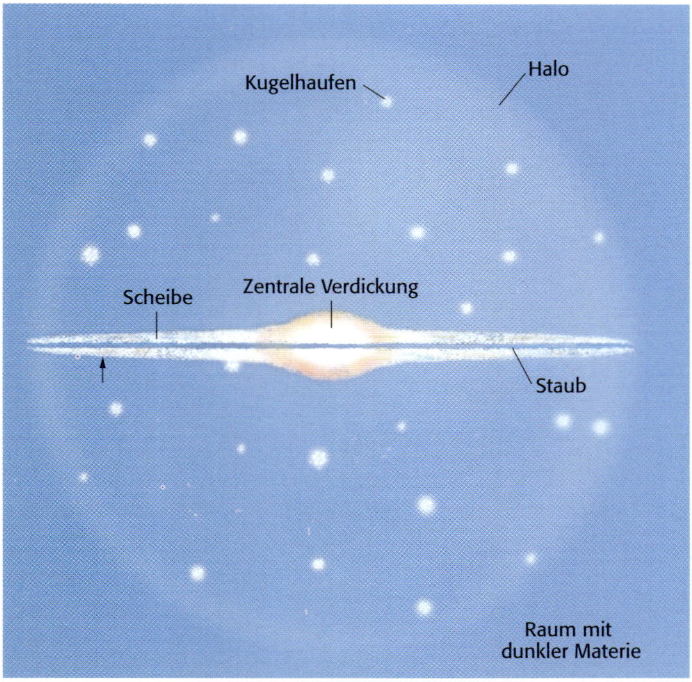

Unsere Galaxie im Profil. Der Pfeil im äußeren Bereich gibt die Position unserer Sonne an.

Unsere Galaxie in Zahlen

Die Milchstraße umfasst mehr als 100 Milliarden Sterne, sie hat einen Durchmesser von 100 000 LJ und ihre zentrale Ausbuchtung ist 16 000 LJ dick. An einigen Stellen gibt es so viele Sterne, dass sie wahre „Sternwolken" bilden, besonders in den Sternbildern Schild und Schütze.
Die Form unserer Galaxie entspricht im Profil einer im Zentrum verdickten Scheibe, oder von oben einem zentralen hellen Kern mit vier spiralig um ihn gewundenen Hauptarmen. Man schätzt, dass sie 15 Milliarden Jahre alt ist. Unsere Sonne ist ein Stern der Milchstraße. Sie befindet sich in der Nähe der Symmetrieebene, im äußeren Drittel der galaktischen Scheibe.

Eine Spirale, wie Andromeda

Die Milchstraße ist also eine „Spiralgalaxie" mit mehreren Armen. Beobachten Sie einmal mit einem 50- oder besser 80-mm-Fernglas die Andromeda-Galaxie (s. S. 93): Auch sie ist eine Spiralgalaxie wie unsere eigene, und unsere nächste große Nachbarin.

Die Begleitgalaxien der Milchstraße

Gemeint sind die Magellanschen Wolken. Im Jahr 1520 beobachtete der Seefahrer Magellan auf seiner Reise um die Welt am südlichen Nachthimmel zwei helle „Wolken". Dabei handelte es sich um die Große

In der Scheibe der Milchstraße konzentriert sich die Materie in den Armen, die sich spiralförmig um den zentralen Bereich winden. Die Position unserer Sonne ist durch einen Pfeil gekennzeichnet.

Wolke im Sternbild Schwertfisch und die Kleine Wolke im Tukan (s. S. 45). Die beiden Wolken sind ebenfalls Galaxien, die mit der unseren durch Wasserstoffströme verbunden sind. In tropischen Regionen können Sie sie leicht beobachten.

Das „kosmische Jahr"

Alle Sterne der Milchstraße kreisen um das Zentrum der Galaxie im Sternbild Schütze. Im Bereich der Sonne liegt die Umlaufgeschwindigkeit bei etwa 220 km/s. Mit dieser Geschwindigkeit vollendet unser Stern eine komplette Runde um das galaktische Zentrum in 240 Millionen Jahren: Dies entspräche dem „kosmischen Jahr".

Geeignete Monate für die Beobachtung

Die günstigste Zeit für die Beobachtung am Abend liegt zwischen August und November. Die Monate April und Mai eigenen sich recht gut für die Liebhaber der frühen Morgenstunden, die den Himmel gegen 2 Uhr oder 3 Uhr morgens betrachten. An Maiabenden ist die Position der Milchstraße für die Beobachtungen am wenigsten geeignet, da sie nur als kleiner Streifen am nördlichen Horizont entlangläuft.
Suchen Sie an Sommerabenden – sofern Sie gute Horizontsicht und einen dunklen Himmel haben – mit dem Fernglas nach den hellen Verdickungen im Schild und vor allem im Schützen. Schauen Sie im Oktober und November abends zwischen die Sterne Alpha und Gamma in der Kassiopeia (vgl. S. 33); sie werden dort einen sehr dunklen Bereich finden, vermutlich einen dunklen Nebel aus Gas und Staub.

Blick auf die Milchstraße am Südhimmel

Der spektakulärste Teil der Milchstraße befindet sich nicht in der nördlichen, sondern in der südlichen Hemisphäre. Wenn Sie Gelegenheit haben, in tropische Regionen zu reisen, werden Sie den zentralen Teil der Milchstraße sofort entdecken.
In Madagaskar oder auf den Inseln Mauritius oder Réunion stehen die Sternbilder Skorpion und Schütze, wo sich in Richtung

des galaktischen Zentrums die dichtesten Teile der Milchstraße befinden, hoch oben im Zenit. In dieser Region stehen die Sterne so gedrängt beieinander, dass sie scheinbar ineinander übergehen.
Wenn Sie dort, weitab von Lichtern, auf dem Boden liegen und zum Zenit blicken, können Sie einen der wunderbarsten Naturanblicke genießen, der dem Menschen von seinem Beobachtungspunkt auf der Erde geboten wird. Dieses abwechslungsreiche Band besteht aus einer Ansammlung mehr oder weniger heller Wolken, in die hier und da dunkle Haufen eingestreut sind. Man könnte meinen, es handle sich um dunkle Fetzen, die sich vor einem Band aus hellen Wolkenschwaden abzeichnen.

Der Kohlensack

Wer käme auf die Idee, dass eine der interessantesten Sehenswürdigkeiten des Himmels sich an einer Stelle befindet, wo scheinbar nichts ist?
Dieser Ort, der „Kohlensack", befindet sich am südlichen Himmel, und man entdeckt ihn knapp unter dem Kreuz des Südens, wo er sich in beeindruckender Weise wie ein Schattenspiel in diesem besonders hellen Teil der Milchstraße ausmacht.
Eigentlich ist der Kohlensack kein sternloser Raum, sondern ein dunkler Nebel, eine Wolke aus Gas und Staub also, die das Licht der Sterne im Hintergrund verschluckt. Da deren Licht also nicht bei uns ankommt, erscheint uns diese Region leer. Der Kohlensack ist oval, seine Entfernung zu uns beträgt rund 2000 Lichtjahre.

Weitere Sehenswürdigkeiten am südlichen Himmel

Im Skorpion und im Schützen bemerkt man kleine helle Flecken, die man durch das Fernglas gut sehen kann: Dies sind gasförmige leuchtende Nebel wie der Lagunen-Nebel und der Omega-Nebel. Aber der spektakulärste Nebel befindet sich am Südhimmel im Schiffskiel. Es ist der Eta-Carinae-Nebel, nahe dem südlichen Himmelspol.
Auch der hellste Sternhaufen befindet sich auf der Südhalbkugel: Omega Centauri, der mit bloßem Auge deutlich als verwaschener „Stern" zu sehen ist.

Diesen Teil der Milchstraße kann man auf der Südhalbkugel beobachten. Er birgt zahlreiche Wunder, die von der nördlichen Hemisphäre aus nicht zu sehen sind.

Sternschnuppen, Staub aus dem All

Es gibt viele Menschen, die sagen, sie hätten noch nie eine Sternschnuppe gesehen. Dafür könnte man ihnen eine einfache Erklärung geben: Man muss nur zur richtigen Zeit in die richtige Richtung schauen, und zwar lange genug.

Was ist eine Sternschnuppe?

Eigentlich nichts Besonderes. Bei ihrem jährlichen Lauf um die Sonne trifft die Erde pausenlos auf interplanetare Partikel, die aus den Kernen von Kometen herausgeschleudert wurden. Die Erde prallt mit ihnen zusammen und die Teilchen durchdringen ihre Atmosphäre. Die Astronomen nennen sie Meteoroide.
Wenn eines dieser Staubkörner in die Luft eindringt, erhitzt es sich aufgrund der Reibung stark, beginnt zu glühen und verdampft. Was Sie dabei beobachten (die helle Erscheinung nennt man „Meteor“ oder Sternschnuppe) ist der Kanal aus angeregten Atomen, die die winzigen Körper hinter sich lassen und die ihre Energie durch Lichtaussendung wieder abgeben.

Morgens sieht man mehr

Die Höhe der Meteore kann man durch Radar bestimmen. Sie erscheinen im Allgemeinen in 120 km und verschwinden etwa in einer Höhe von 60 km, wobei sie rund hundert Kilometer in schräger Richtung zurücklegen. Das intensive Licht entsteht durch die außergewöhnliche Schnelligkeit.
Nehmen wir an, dass ein kleiner Körper mit der Bahngeschwindigkeit von 42 km/s (dies ist die theoretische Geschwindigkeit, mit der sich ein Teilchen in der Nähe der Erde auf einer Parabel um die Sonne bewegt) um sechs Uhr abends auf unsere Erdkugel trifft, die sich selbst mit 30 km/s um die Sonne bewegt. Damit ergibt sich eine resultierende Geschwindigkeit von $42 - 30 = 12$ km/s, während sich die Geschwindigkeit um 6 Uhr morgens auf $42 + 30 = 72$ km/s summieren würde. Weshalb dieser Unterschied? Ganz einfach darum, weil wir von der Erde aus um sechs Uhr abends auf unserer Bahn nach „hinten“ schauen und die Erde daher nur auf Meteoroide trifft, die schnell genug sind, sie einzuholen, während sie um sechs Uhr morgens mit allen zusammentrifft, die ihre Umlaufbahn kreuzen. Die Erde dringt also frontal in die Schwärme ein.

Wie Insektenschwärme

Meteoroide sind häufig in Gruppen von Partikeln unterwegs, die tatsächlich mit Insektenschwärmen vergleichbar sind. Jedes Teilchen folgt einer Bahn, die zu der der Nachbarteilchen parallel ist, und alle treten als Gruppe in die Erdatmosphäre ein. Ihre Lebensdauer ist kurz: Ein Sekundenbruchteil bei den Kurzlebigsten, zwei bis vier Sekunden bei denen, die am längsten „leben“.

Mehr oder weniger alte Schwärme

Wenn ein Komet nahe an der Sonne vorüberzieht, verliert er viele Teilchen, die aus seinem Kern gerissen werden, Schwärme von Teilchen, die weiterhin um die Sonne kreisen. Wenn die Erde die Umlaufbahn dieser Teilchen kreuzt, durchdringen jene die Erdatmosphäre und werden zu Meteoren oder Sternschnuppen. Direkt nach dem

Durchzug des Kometen ist der Schwarm noch jung und kompakt, und manchmal entsteht dann ein Meteorschauer, wie bei den Leoniden. Diese Schauer kehren mit einer Regelmäßigkeit wieder, die von der Umlaufdauer des Kometen abhängt. Im Laufe der Jahrhunderte verteilt sich der Schwarm jedoch gleichmäßig über die ganze Kometenbahn, er ist also ständig da, aber weniger ausgeprägt. Jedes Jahr zur selben Zeit kann er dann Sternschnuppen erzeugen, wofür die Perseiden ein Beispiel sind.

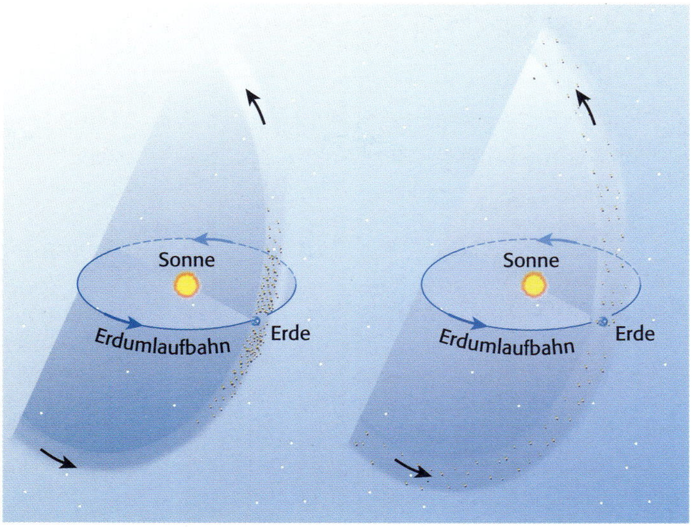

Auf der linken Seite kreuzt die Erde die Umlaufbahn eines relativ jungen Schwarms, der noch recht kompakt ist. Rechts ein diffuserer Schwarm.

„Sternregen"

Am frühen Abend des 9. Oktober 1933 konnte man einem unglaublichen Schauspiel beiwohnen: Die Sterne schienen vom Himmel zu fallen. Das Himmelsgewölbe war mit Lichtspuren übersät, die alle 15 bis 20 Sekunden wie in einem langen lautlosen Feuerwerk entstanden. Nach Mitternacht, als alles vorüber war, leuchteten die echten Sterne noch immer, und nichts hatte sich am Himmel verändert. Man hatte lediglich einen schönen Sternschnuppenschauer erlebt. Ähnliches war bereits am 27. November 1872 und am 27. November 1885 aufgetreten.

Die schönsten Meteorschauer

Es gibt also Ströme von Teilchen, die die Erde zu bestimmten Zeitpunkten des Jahres durchquert. In der Nacht vom 11. auf den 12. August, wenn die langen Abende dazu einladen, draußen umher zu schlendern, können Sie bis zu 70 Sternschnuppen pro Stunde am Himmel sehen. Alle scheinen aus dem Sternbild Perseus herauszufallen. Deshalb nennt man diese Augustmeteore Perseiden. Am 16. und 17. November liegt das stündliche Mittel bei etwa 20 Erscheinungen. Dabei handelt es sich um die Leoniden,

Datum des Auftretens der Meteorströme	Name	Anzahl pro Stunde	Radiant	Bemerkungen
1. bis 6. Januar	Quadrantiden	40	Bei Beta im Rinderhirten	Mittlere Geschwindigkeiten
21. April	Lyriden	8	Bei 104 im Herkules	Schnell, Spuren lange zu sehen
6. Mai	Aquariden	30	Bei Eta im Wassermann	Sehr schnell und lange Spuren
9. bis 14 Aug.	Perseiden	70	Bei Eta im Perseus	Sehr schnell
20. Oktober	Orioniden	20	Bei Nü im Orion	Schnell, Spuren lange zu sehen
15. bis 19. Nov.	Leoniden	20 (variabel)	Bei Zeta im Löwen	Sehr schnell, Periode von 33 J.
10. bis 12. Dez.	Geminiden	16 bis 50	Bei Alpha in den Zwillingen	Mittlere Geschwindigkeiten

deren Name daher rührt, dass sie scheinbar im Sternbild Löwe entstehen (lat., leo: der Löwe).
Achtung: Die zweite Nachthälfte ist stets reicher an Meteoren.

Was ist der Radiant?

Die Spuren der Sternschnuppen scheinen zu einem bestimmten Datum alle von

Den Punkt am Himmel, dem dieser Sternschnuppenschauer zu entspringen scheint, nennt man „Radiant". Dieser Eindruck entsteht allein durch die Perspektive.

derselben Himmelsregion auszugehen, die man den „Radianten" nennt. Am Radianten selbst geschieht aber nichts, er ist lediglich der perspektivische Ausgangspunkt. Daher sollte man seine Umgebung beobachten. Wenn Sie die scheinbaren Bahnen der Sternschnuppen in der Nacht vom 11. August „nach hinten" fortführen, treffen sie fast alle in einem Punkt im Sternbild Perseus zusammen.
Diese Konvergenz ist jedoch nur das Ergebnis der Perspektive, eine bloße Illusion also. Dieses Phänomen tritt auch bei Bäumen auf, die zu beiden Seiten einer geraden Allee gepflanzt sind, oder bei Eisenbahnschienen. Die auf dem Himmelsgewölbe gezogenen Spuren sind umso kürzer, je näher die Sternschnuppen am Radianten aufgetaucht sind.

Beobachten vom Liegestuhl aus

Das plötzliche Auftauchen einer Sternschnuppe wird immer überraschend kommen.
Das Gesichtsfeld Ihres Auges ist nicht sehr groß und es ist anstrengend, ständig konzentriert auf ein und dieselbe Stelle zu blicken. Was tun? Suchen Sie sich einen dunklen, freien Ort, weitab von Straßen und störenden Lichtern. Machen Sie es sich auf einem Liegestuhl oder auf einer Luftmatratze bequem. Ziehen Sie sich warm an und öffnen Sie die Augen. Am besten eignen sich wolkenlose Nächte ohne Mondlicht.

Einen Boliden beobachten

Ein Bolide ist wesentlich heller als eine Sternschnuppe, er ist auch wesentlich seltener. Das Gewicht eines Boliden liegt bei etwa einem Kilogramm, im Unterschied zu einigen Milligramm bei einer Sternschnuppe, die Geschwindigkeit ist bei beiden Erscheinungen dieselbe. Es kann passieren, dass

der Bolide in der Atmosphäre explodiert, im Allgemeinen geschieht dies lautlos.
Ein Bolide ist also im Grunde ein Geschoss innerhalb des Sonnensystems. Wenn Sie einen sehen, notieren Sie sich unbedingt, wo er aufgetaucht und wo er verschwunden ist (orientieren Sie sich hierzu an den benachbarten Sternen), um die Bahn nachzeichnen zu können, die er vor den Sternbildern gezogen hat. Halten Sie auch seine Farbe, die Dauer der Erscheinung und natürlich die Zeit seines Auftauchens mit mindestens einminütiger Genauigkeit fest. Andere Beobachter haben vielleicht denselben Boliden gesehen, und manchmal kann ein Computer anhand der Einzeldaten seine Höhe und seine Bahn in Bezug zur Erde herausfinden.
Ein Beobachter, der das Phänomen in einer Entfernung von nur hundert Kilometern von Ihnen verfolgt hat, hat es nämlich unter einer anderen Himmelsperspektive wahrgenommen, mit anderen Punkten des Auftretens und Verschwindens.

Wie fängt man Mikrometeoriten auf?

Ungelogen trifft Tag und Nacht tonnenweise Meteoritenstaub auf die Erde, der aus dem interplanetaren Weltraum kommt. Mit einer einfachen Technik kann man einige Proben davon auffangen: Beginnen Sie damit, in hohen Lagen, weitab von verschmutzten Städten und von Fabriken, Regenwasser in einem Plastikeimer aufzufangen, den sie zuvor gereinigt und abgetrocknet haben. Lassen Sie das Wasser nach einem Schauer 48 Stunden ruhen und leeren Sie den Eimer dann ganz vorsichtig aus, um die Flüssigkeit nicht aufzuwirbeln. Lassen Sie den Rest nach und nach verdunsten.
Nun kommt das Schwierigste: Nehmen Sie mit einem sauberen Pinsel etwas von dem im Eimer verbliebenen Staub auf und bringen Sie ihn auf das Glasplättchen eines Mikroskops.

Dieses Geschoss, das aufgrund seiner größeren Dimensionen wesentlich heller ist als eine Sternschnuppe und in etwa 120 km Höhe in die Erdatmosphäre eindringt, ist ein Bolide.

Sie können die Teilchen auch sortieren, indem Sie einen mit weißem Papier umwickelten Magneten dicht am Glas entlang führen. Die eisenhaltigen Mikrometeoriten werden sich sofort an das Papier heften und Sie können durch das Mikroskop oder eine Lupe ihre unterschiedlichen und manchmal erstaunlichen Formen sehen. Wenn Sie das Experiment in der Stadt durchführen, werden Sie vor allem Staub aus Fabrikschloten auffangen.

Meteoriten lassen die Erdmasse wachsen

Die Sternschnuppen sind nur winzige Körnchen, ganz selten kleine Steinchen, die die Atmosphäre durchqueren. Innerhalb von 24 Stunden werden wohl etwa 20 Millionen davon auf die gesamte Erdoberfläche auftreffen. Unsere Erdkugel ist somit einem ständigen Beschuss aus dem Weltraum ausgesetzt. Dieser dauernde Niederschlag lässt die Erdmasse langsam um fünf Tonnen pro Tag wachsen.

Die Beobachtung von Satelliten

An einem jener schönen Abende, an denen Sie auf Sternschnuppen lauern, werden Sie hin und wieder kleine helle Punkte vorüberziehen sehen, die wie Sterne aussehen, sich aber langsam bewegen. Es handelt sich dabei um künstliche Satelliten auf ihrer Umlaufbahn um die Erde.

Fremde am Sternenhimmel

Zurzeit kreisen etwa 4000 oder 5000 dieser Objekte um die Erde. Es handelt sich um Wetter-, Telefon-, militärische oder Forschungssatelliten.
Viele dieser Objekte überfliegen niemals die mittleren Breiten Europas. Andere sind zu klein oder zu weit entfernt, als dass ihr schwaches Leuchten zu sehen wäre. Ohne größere Anstrengung kann ein Beobachter an einem Abend oder einem Morgen höchstens 20 bis 30 Satelliten entdecken. Immerhin!

Wann sieht man sie?

Die künstlichen Satelliten sind dunkle Objekte, die wir nur dann sehen können, wenn die Sonne sie beleuchtet. Um gut sichtbar zu sein, müssen sie niedrig fliegen (zwischen 200 und 400 km über der Erde) und sie dürfen nicht zu winzig sein. Außerdem muss der Himmel schon dunkel sein, die Sonne muss also mindestens vor einer Dreiviertelstunde untergegangen sein oder in frühestens einer Dreiviertelstunde aufgehen. Sie wissen schon, dass die Erde in Bezug auf die Sonne einen Schattenkegel nach hinten wirft, der sehr weit reicht. Wenn der Mond durch diesen Schattenkegel hindurchzieht, entsteht eine Mondfinsternis. Damit ein künstlicher Satellit zu sehen ist, muss er sich also auch außerhalb des Erdschattens befinden, das heißt, dass wir gegen Mitternacht keinen einzigen Satelliten beobachten können.

Was sieht man?

Theoretisch kann es gelingen, innerhalb von drei Stunden nach Sonnenuntergang oder vor Sonnenaufgang durchschnittlich etwa einen Satelliten pro Viertelstunde zu entdecken. Sie wirken oft wie Sterne, die sich langsam am Himmelsgewölbe bewegen. Sie werden feststellen, dass die hellsten Satelliten fast immer auch die schnellsten sind (also die niedrigsten, die den Himmel in nur drei oder vier Minuten überqueren). Mitunter können sie in einem Abstand von eineinhalb Stunden zweimal hintereinander beobachtet werden, wobei sich ihre Bahn stark verschiebt. Sie leuchten so hell wie die hellsten Sterne (Wega oder Sirius).
Wenn die Bahn in West-Ost-Richtung verläuft, handelt es sich um eine „Raumstation". Die Militärsatelliten, die im Allgemeinen weniger hell leuchten, bewegen sich oft von Norden nach Süden oder von Süden nach Norden (auf einer „polaren" Umlaufbahn), um nacheinander alle Regionen der Erdkugel zu überfliegen. Die Satelliten mit wissenschaftlicher Mission leuchten gleichbleibend hell, da sie meist kugelförmig sind.

Das Spiel mit dem Schattenkegel

Sie wissen nun schon, dass die Beobachtungsdauer der Satelliten aufgrund des Schatten-

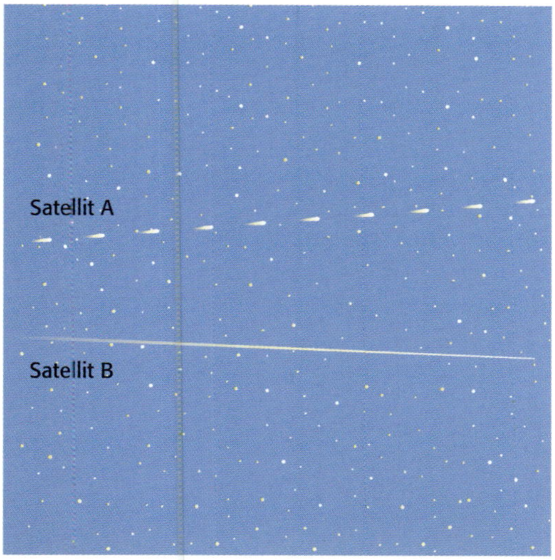

Satellit A dreht sich um sich selbst und erzeugt dabei eine Reihe von „Blitzen", die sich auf dem Foto als Folge von Strichen zeigt. Bei B hingegen erzeugt der Satellit eine gleichmäßige Spur und verschwindet schließlich im Schattenkegel der Erde.

kegels der Erde begrenzt ist. Wenn es sehr spät (oder sehr früh am Morgen) ist, werden Sie einen Satelliten in dem Augenblick beobachten können, in dem er in den Erdschatten eindringt oder aus ihm heraustritt. Im ersten Fall verdunkelt er sich etwa zehn Sekunden lang, bevor er völlig verschwindet. Wenn ein Satellit abends von Westen zu kommen scheint, ist er zunächst schlecht zu sehen, da er im Gegenlicht auftaucht. Seine Helligkeit wird immer größer, je höher er zum Zenit des Beobachters aufsteigt.

Beobachtung mit dem Fernglas

Das Fernglas ist neben dem bloßen Auge das Instrument, das sich zur Satellitenbeobachtung am besten eignet, aber erwarten Sie nicht, die Satelliten als Scheibe zu erkennen, dies ist selbst mit einem 10x50-Fernglas nicht möglich. Sie erscheinen lediglich viel heller. Achten Sie besonders auf zwei interessante Phänomene, die Sie leicht beobachten können:

1. den allmählichen Helligkeitsverlust, wenn der Satellit in den Erdschatten eintritt (am Abend) oder die allmähliche Helligkeitssteigerung beim Heraustreten aus dem Schatten (am Morgen);
2. die schnell aufeinander folgenden Helligkeitsschwankungen, die durch die Drehung des Objekts entstehen, das oft nicht kugelförmig, sondern elliptisch oder zylindrisch ist, oder eine völlig andere Form aufweist, wenn es sich um ein Bruchstück eines Satelliten handelt. Auf Fotoaufnahmen erzeugen sie unabhängig von ihrer Form geradlinige Spuren oder scheinen eine Schlangenlinie zu beschreiben.

Satelliten bieten Schauspiele, die ebenso faszinierend wie abwechslungsreich sind.

Was kann man beobachten?

1. Rekonstruieren Sie die scheinbare Bahn ei-nes Satelliten, indem Sie die hellen Sterne festhalten, an denen er nacheinander vorüberzieht. Verwenden Sie hierzu eine Sternkarte.
2. Schätzen Sie seine Helligkeit ein, indem Sie ihn mit der der hellsten Sterne vergleichen. Ordnen Sie ihn einer Größenklasse zu.
3. Vermerken Sie die Dauer des Überflugs. Leider werden die ersten Momente des Durchgangs meist nicht wahrgenommen.
4. Wenn Sie Kleinbildaufnahmen machen, achten Sie auf den Unterschied zwischen der fortlaufenden Spur eines Satelliten mit konstanter Helligkeit und der sich periodisch ändernden Spur (Punkte, Striche, Spiralen) eines unregelmäßig geformten, rotierenden Satelliten. Beachten Sie, dass eines dieser Objekte 20 bis 30 Sekunden braucht, um den Aufnahmebereich vollständig zu durchlaufen. Achtung: Auch Hubschrauber und Flugzeuge können auf Ihrer Nachtaufnahme Leuchtspuren hinterlassen.

Den Himmel mit dem Fernglas erkunden

Ein Fernglas auswählen

Viele Leute besitzen ein Fernglas, aber die wenigsten verwenden es zum Beobachten der Sterne. Dabei offenbart sich uns eine unglaubliche Schönheit, wenn wir durch ein Fernglas den Nachthimmel betrachten. Versuchen Sie es doch einmal!

Ein Instrument mit vielen Vorteilen

Auch wenn Sie noch nicht wissen, ob Sie sich eines Tages ein professionelleres Instrument (Spektiv oder Teleskop) anschaffen werden, können Sie mit der Himmelserkundung durch ein Fernglas jedenfalls einen guten Anfang machen. Ein solches Instrument vereint nämlich drei bemerkenswerte Vorteile:
1. eine große Lichtstärke, die die eines Spektivs oder eines Fernrohrs bei weitem übertrifft;
2. ein ausgedehntes Gesichtsfeld (bei 8x30-Gläsern 9°, also das 18fache des scheinbaren Monddurchmessers);
3. ein einfaches Handling.
Nicht zu unterschätzen ist auch das angenehme Sehen mit beiden Augen, der Eindruck eines plastischen Bildes also, was bei Gestirnen zwar ziemlich illusorisch ist, den Sehkomfort jedoch in der Tat steigert.

Für welches Fernglas soll ich mich entscheiden?

Am interessantesten sind Prismenferngläser, bei denen der Lichtstrahl durch zwei Prismen „gefaltet" wird, womit die Abmessungen des Instrumentes klein gehalten werden können. Sie sind ziemlich schwer, aber ihr großes Gesichtsfeld ist für astronomische Beobachtungen bestens geeignet.
Eine Bezeichnung wie 8x30 auf dem Gehäuse eines Fernglases bedeutet: Objektivdurchmesser 30 mm und achtfache Vergrößerung. Dies ist übrigens der gängigste Typ. Mit ihm sind Sterne bis Größenklasse 9 erkennbar. Ein größerer Durchmesser ermöglicht auch das Erkennen lichtschwächerer Sterne.

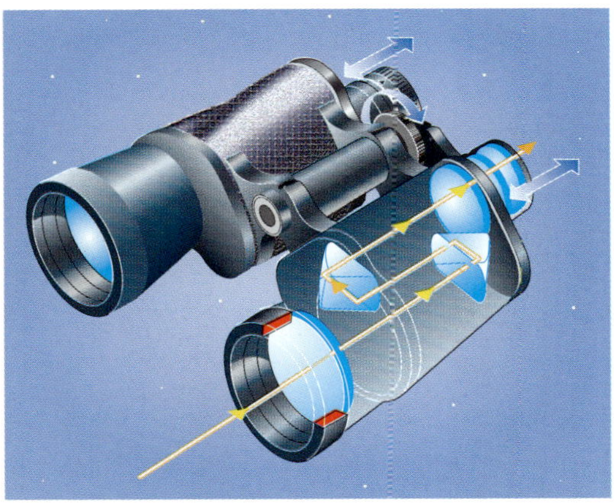

Der Lichtstrahl wird durch zwei Prismen umgelenkt, um die Abmessungen des Fernglases gering zu halten.

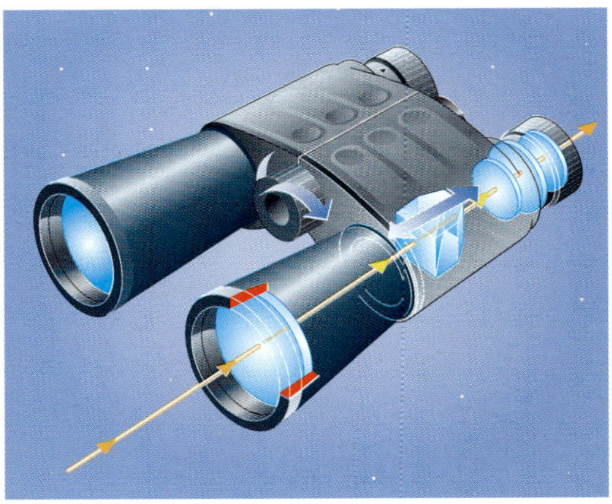

Anders als beim linken Fernglas wird der Lichtstrahl in einem Dachkantfernglas nicht „gefaltet".

Bevor Sie ein Fernglas kaufen

Machen Sie sich vor einem Kauf klar, dass das Gesichtsfeld und die Lichtstärke Priorität gegenüber der Vergrößerung haben. Vergessen Sie nicht, dass das Fernglas in erster Linie ein Lichtsammler ist, der ein Lichtbündel innerhalb einer „Austrittspupille" mit einem Durchmesser von 6,5 bis 7 mm konzentrieren soll. Anders ausgedrückt: Dieser Bündeldurchmesser soll ebenso groß sein wie der der maximal geweiteten menschlichen Pupille, wenn das Auge an die Dunkelheit gewöhnt ist. Ferngläser vom Typ 7x50, 10x60 und 12x80 entsprechen exakt diesen Anforderungen. Aber mit der Größe des Objektivs steigen natürlich auch die Preise.

Die Wahl der Vergrößerung

Diese Wahl stellt uns wirklich vor ein Dilemma: Je stärker ein Instrument vergrößert, desto kleiner wird das Gesichtsfeld und desto geringer die Lichtstärke. Um möglichst viel Licht für lichtschwache Objekte wie Kometen und Gasnebel einzusammeln, ist eine siebenfache Vergrößerung mit einem Durchmesser von 50 mm (7x50-Fernglas) ideal.
Für Gestirne hingegen, auf denen Strukturen erkennbar sind, wie Mond, Venus oder Jupiter, ist es günstiger, eine 12- bis 15fache Vergrößerung zu wählen. 15x80-Ferngläser sind allerdings schwer und sperrig.
Idealerweise sollte man also über zwei Ferngläser verfügen: 7x50 und 15x80. Es gibt aber auch einen praktischen Kompromiss: 10x50, mit einem Gesichtsfeld von 7°, womit man Sterne bis zur Größenklasse 10 erkennen kann.

Wie Sie Ihr Fernglas einstellen

Die Einstellung eines Fernglases muss für beide Augen getrennt in drei Schritten vorgenommen werden:
1. Schließen Sie das rechte Auge oder verdecken Sie das rechte Objektiv und drehen Sie die Einstellschraube in der Mitte, um das Bild für das linke Auge scharf zu stellen.
2. Schließen Sie das linke Auge oder decken Sie das linke Objektiv ab. Drehen Sie nun den Okularring (Dioptrienausgleich), um die Schärfe für das rechte Auge einzustellen.
3. Stellen Sie den Abstand der Gläser auf Ihren Augenabstand ein, damit die beiden beobachteten Bilder sich genau decken.
Wenn man Anfängern ein Instrument leiht, verwenden sie dieses immer, ohne es einzustellen. Das ist nicht richtig, auch wenn die Bilder zufriedenstellend erscheinen. Eine Neueinstellung ist grundsätzlich immer notwendig, da es keine zwei Beobachter mit denselben Augen gibt. Ein Stern der Größenklasse 2 oder 3 (wie der Polarstern) muss in der Mitte des Gesichtsfeldes wie ein winziger heller Punkt erscheinen.
Da es sich bei einem Fernglas um ein anpassbares optisches Instrument handelt, können (und müssen) Sie als Brillenträger Ihre Brille abnehmen (es sei denn, Sie haben einen Astigmatismus). Reinigen Sie die Außenseiten der Objektive und der Okulare mit einem weichen, sauberen Taschentuch.

Was kommt nach dem Fernglas?

Zum Einstieg ist ein azimutal montiertes Fernrohr mit 60 mm Durchmesser empfehlenswert. Es ist leicht zu handhaben und kann bis 120-fach vergrößern. Die so genannte „azimutale" Montierung ist die einfachste: Auf zwei aufeinander senkrecht stehenden Achsen lässt sich das Fernrohr damit sowohl in der Höhe als auch in horizontaler Ebene verdrehen. Später werden Sie vielleicht ein Teleskop auf einer „parallaktischen" Montierung haben, das bedeutet, dass Sie damit der durch die Erdrotation bedingten Bewegung eines Gestirns einfach folgen können.

Erste Beobachtungen

Auch die allerersten Beobachtungen müssen nicht langweilig sein. Beginnen Sie mit dem Mond und der Sonne. Aber Vorsicht bei der Sonne: Sie dürfen Ihr Fernglas niemals direkt auf sie richten. Sie könnten dabei Ihr Augenlicht verlieren.

Zitterfreies Beobachten

Die Verwendung eines Fernglases mit in den Nacken gelegtem Kopf führt innerhalb kurzer Zeit zu Ermüdungserscheinungen der Halswirbelsäule. Dies ist unangenehm, und sobald die Vergrößerung das Achtfache übersteigt, beginnen die Bilder außerdem zu zittern und die Sterne beschreiben im Sichtfeld Kurven ...
Was tun? Befestigen Sie Ihr Fernglas auf einem Stativ (im Fachhandel finden Sie entsprechende Adapter), oder stützen Sie sich auf dem Balkongeländer ab und verwenden dabei einen sehr niedrigen Sitz. Eine gute Lösung ist auch die folgende: Suchen Sie einen Holzpflock, der Ihnen im Sitzen etwas über Augenhöhe reicht und setzen Sie sich auf einen sehr stabilen Stuhl. Drücken Sie das eine Ende des Stocks auf den Boden, halten Sie ihn stabil zwischen den Knien und stützen Sie Ihr Fernglas nun auf das obere Ende ab, so dass Ihnen der Stock als Stativ dient. Neigen Sie den Pflock mehr oder weniger, um die gewünschte Steigung für Ihr Fernglas zu erhalten, so dass Sie auch die Gestirne hoch am Himmel beobachten können. Legen Sie sich, um den Zenit zu beobachten, auf eine Decke, eine Luftmatratze oder einen Liegestuhl.

Die längere Beobachtung des Himmels mit einem Fernglas fällt leichter, wenn man es auf ein Fotostativ montiert.

Ein unvergesslicher Anblick: Der Mond durch das Fernglas

Mit einem 8x30- oder 10x50-Fernglas kann man die groben Umrisse der Mondkartografie hervorragend erkennen (s. auch S. 110): Die sehr großen Wallebenen sind in der Nähe der Hell-Dunkel-Grenze deutlich zu sehen (besonders Clavius, im Süden), ebenso wie die Hochländer mit ihren vielen Kratern. Die Umrisse der „Meere“ zeichnen sich gut ab, und man erkennt große einzelne Krater wie Kopernikus und Archimedes. Suchen Sie bei Vollmond die sternförmigen Strahlen um Tycho sowie die Krater Kopernikus, Aristarchus und Kepler, die zwei oder

Es gibt noch eine einfachere Möglichkeit: Man stützt das Fernglas auf dem Ende eines Stocks ab, wobei das andere Ende zwischen den Füßen festgehalten wird.

Wenn Sie das Fernglas auf ein Stativ montieren und eines der Objektive mit einem Karton abdecken, können Sie die größten Sonnenflecken durch Projektion auf einen weißen Karton erkennen.

drei Tage lang blendend hell erscheinen. Durch das Fernglas zeigt das aschgraue Mondlicht vom dritten bis zum fünften Tag vor oder nach Neumond auch einige Einzelheiten der schwach erleuchteten Mondseite (s. auch S. 116) .
Achtung: Die meisten Mondkarten zeigen ein umgekehrtes Bild, wie man es durch ein astronomisches Fernrohr sieht; das Fernglas jedoch zeigt das Bild richtig herum.

Die Sonne in Projektion

Richten Sie Ihr Fernglas niemals direkt auf die Sonne: Sie laufen Gefahr, sich die Netzhaut Ihrer Augen unwiederbringlich zu verbrennen. Projizieren Sie stattdessen ihr Bild auf eine kleine weiße Fläche, beispielsweise ein Stück Karton. Montieren Sie das Fernglas auf ein Stativ und tasten Sie sich langsam (ohne durchzublicken!) an die richtige Stellung heran, bis Sie auf dem Karton, den Sie in 20 oder 30 cm Entfernung hinter dem Okular aufgestellt haben, durch Projektion einen kleinen sehr hellen Kreis sehen. Das projizierte Sonnenbild hat nun einen Durchmesser von 20 bis 25 mm, und die größten Sonnenflecken sind darauf zu sehen. Passen Sie ein quadratisches Kartonstück mit etwa 20 cm Seitenlänge an das Gehäuse Ihres Fernglases an, so dass auf dem Karton, auf den die Sonne projiziert wird, ein Schatten entsteht. Die Beobachtung der Sonne in Projektion ist praktisch, und eine ganze Gruppe kann so an Ihren Beobachtungen teilhaben.

Wie Sie die Sonne einstellen, ohne ins Fernglas zu blicken

Überall wird völlig zu Recht davor gewarnt, direkt in die Sonne zu blicken – erst recht mit einem Fernglas oder Teleskop. Wie aber können Sie die Sonne mit Ihrem Fernglas anpeilen, ohne durch dieses hindurch zu blicken? Bevor Sie den Verdunklungskarton anbringen, bewegen Sie das Fernglas auf dem Drehgelenk des Stativs, bis Sie die Position gefunden haben, in der der Schatten der Anordnung am kleinsten ist: Nun befindet sich die Sonne auf der optischen Achse, also im Gesichtsfeld Ihres Fernglases.

Von Jupiter zu den Kometen

Mit einem Fernglas können Sie die vier hellsten Jupitermonde verfolgen. Zudem ist die Beobachtung von Kometen möglich, und zwar nicht nur derjenigen, die jeder mit bloßem Auge sehen kann, sondern von unzähligen anderen, die uns einen Besuch abstatten ...

Die Jupitermonde beobachten

Durch das Fernglas kann man Jupiter, den größten und schwersten Planeten des Sonnensystems, mit vier kleinen Gestirnen sehen, die mit ihm in einer Reihe stehen und ihn immer begleiten. Es sind seine vier größten Monde: Io, Europa, Ganymed und Kallisto, die bis auf Europa alle größer sind als unser eigener Mond.

Astronomische Jahrbücher (s. S. 138) geben ihre Position für jede Nacht an. Mitunter scheint einer von ihnen bei der Beobachtung zu fehlen, weil er gerade vor oder hinter Jupiter vorüber zieht. Diese vier Satelliten umkreisen den Planeten in 42 Stunden, bzw. in 3 Tagen und 13 Stunden, in 7 Tagen und 4 Stunden und in 16 Tagen und 16 Stunden.

Bereits mit einem Spektiv mit 50facher Vergrößerung können Sie verschiedene äußerst spannende Spektakel beobachten, die von Finsternissen und Bedeckungen bis zum Vorüberziehen eines der Satelliten und seines Schattens vor dem Planeten reichen. Und durch ein Teleskop würden Sie ein faszinierendes Schauspiel erleben: Sie hätten ein Sonnensystem in Miniaturausgabe vor Augen.

Jupiter und seine vier Galileischen Monde, wie man sie durch ein Fernglas oder ein Spektiv sehen kann.

Die Phasen der Venus durch ein Spektiv

Der Morgen- und Abendstern durchläuft wie der Mond Phasen. Wenn Sie ihn durch ein Fernglas betrachten, werden Sie vielleicht ein bisschen enttäuscht sein, da er Sie blendet. Trotzdem können Sie seinen sich verändernden Durchmesser verfolgen. Mit einer 20- bis 30fachen Vergrößerung können Sie auch seine Phase wahrnehmen, am besten verwenden Sie dazu ein Spektiv.

Alle 19 Monate, einige Wochen vor und nach ihrer unteren Konjunktion, zeigt sich Venus als dünne Sichel mit sehr feinen Hörnern. Zum Zeitpunkt ihrer größten Elongationen sieht man eine „Halbvenus", ihr Durchmesser beträgt dann jedoch nur 24".

Wenn es dunkel ist, blendet Venus sehr stark. Beobachten Sie sie daher lieber im Morgengrauen oder während der Abenddämmerung. Am Morgenhimmel können Sie Venus sogar bis nach Sonnenaufgang mit dem Fernglas beobachten.

Fast unsichtbar: die Ringe des Saturn

Die Saturnringe sind durch ein 10x50-Fernglas nicht zu sehen, und im Allgemeinen auch nicht durch ein Spektiv. Wenn sie sehr weit geöffnet sind, können sie mit 40facher Vergrößerung eher erahnt als gesehen werden. Der Ringplanet erscheint dann als eine ovale Minischeibe. Dies war zwischen 2002 und 2004 der Fall.

Den Himmel nach Kometen durchstöbern

Wenn Sie Kometen „jagen" möchten, durchkämmen Sie den Himmel strichweise in horizontaler oder vertikaler Richtung. Beginnen Sie mit der Erkundung des Horizonts, hinter dem die Sonne unterging oder, wenn Sie die zweite Nachthälfte bevorzugen mit demjenigen, hinter dem die Sonne aufgehen wird. Durchforsten Sie danach immer höhere Streifen am Himmelsgewölbe.
Stößt Ihr Auge auf ein „verdächtiges" Objekt? Dann überprüfen Sie, ob es in einem

Zahlreiche Kometen, die mit bloßem Auge nicht zu sehen sind, kann man mit einem Fernglas beobachten.

genauen Himmelsatlas verzeichnet ist. Wenn das Objekt nicht darin erscheint, machen Sie sich eine Skizze, auf der Sie seine Position in Bezug auf zwei Nachbarsterne festhalten, dann warten Sie zwei Stunden ab. Wenn Sie sicher sind, dass sich das Objekt bewegt hat, kann es sich dabei um einen Kometen handeln ...
Aber Achtung! Es gibt eine Reihe von Himmelsobjekten, die man fälschlich leicht für Kometen halten kann wie Nebel und Kugelsternhaufen. Der *Sky Atlas 2000* von W. Tirion ist einer der besten Atlanten zum Identifizieren lichtschwacher Objekte.

Ein Spaziergang über die Milchstrasse mit dem Fernglas

Mit dem Fernglas über den Himmel zu spazieren, macht sehr viel Spaß. An den Abenden von Juli bis September werden Sie bei dunklem Himmel und guter Sicht bis zum Horizont Schätze entdecken, mit denen Sie überhaupt nicht rechnen, vor allem in der Gegend des Schützen. Dort befindet sich der dichteste Bereich der Milchstraße, Sternwolken und dunkle Gas- und Staubwolken wechseln sich ab mit Kugelsternhaufen. Beobachten Sie durch das Fernglas, dass die Sterne immer zahlreicher werden, je mehr Sie sich der Milchstraße nähern. Entdecken Sie die ungleiche Verteilung der Sterne, mit manchmal deutlich ausgeprägten Lücken.
Schlendern Sie in schönen Julinächten über die Milchstraße, von einem Horizont zum anderen: Es warten dort einige Überraschungen auf Sie. Verweilen Sie ganz besonders in den Bereichen von Schwan und Adler und lassen Sie Ihren Augen Zeit, sich an die Beobachtung dieser mit Sternen übersäten Bereiche zu gewöhnen.

Von Sternhaufen zu Galaxien

Über unser Sonnensystem hinaus gibt es die Milchstraße und das ganze Universum. Entdecken Sie mit dem Fernglas die schönsten und rätselhaftesten Objekte: Sternhaufen, Nebel und sogar andere Galaxien befinden sich in Ihrer Reichweite.

Seit 5000 Jahren beobachtet: der Sternhaufen der Plejaden

Diesen Sternhaufen kannten bereits die Astronomen der Antike. Fachleute sprechen von einem „offenen Sternhaufen“ ohne zentrale Kondensation. Diese leicht zu findende Sternansammlung befindet sich in der Nähe von Aldebaran und liegt wie ein kleiner Stieltopf über dem V des Stiers. Mit bloßem Auge betrachtet, verwandelt sich diese Gruppe beim geringsten Sehfehler zu einem undeutlichen Fleck. Durch ein Fernglas werden Sie mehrere Dutzend weiße oder bläuliche Sterne sehen. Die hellsten Sterne sind von Nebeln umgeben, die Sie vielleicht ahnen können, wenn Sie in einer klaren und sehr dunklen Nacht beobachten.

Der 1500 Lichtjahre von der Erde entfernte Orion-Nebel ist die Wiege junger Sterne, die sich gerade neu bilden. Man nennt sie Protosterne.

Die Gase und Staubpartikel, die sie umgeben, reflektieren nämlich ihr Licht. Der Sternhaufen der Plejaden oder M 45 (wobei 45 für das 45. Objekt im Messier-Katalog steht) hat einen Durchmesser von 1,5°. Der hellste Stern ist Alkyone. Er ist 380 Lichtjahre entfernt.
Suchen Sie auch direkt bei Aldebaran die Hyaden, einen recht verstreuten Sternhaufen (20 Sterne durch das Fernglas), der 150 Lichtjahre von uns entfernt ist. Seine Sterne entfernen sich so schnell, dass sie sich im Laufe von Jahrhunderten einander anzunähern scheinen. Hyaden und Plejaden lassen sich an Winterabenden leicht finden.

Der Orion-Nebel M 42

Suchen Sie ihn im Winter und frühen Frühling abends oder im Herbst im Morgengrauen. Sie kennen bereits die Gürtelsterne, die sich in der Mitte des Orion-Rechtecks befinden. Wenn Sie vom mittleren Stern nach unten ziehen (vgl. S. 37), scheint Orions Schwert, das aus der Nord-Süd-Linie dreier Sterne besteht, herabzuhängen: Dort befindet sich der Orion-Nebel oder M 42. Mit einem Fernglas sehen Sie eine kleine Wolke, in der der Stern Theta (ein Mehrfachstern) leuchtet. Die Wolke erstaunt durch ihre Helligkeit, und Sie können darin verschiedene Helligkeitsstufen erkennen. M 42 ist 1500 Lichtjahre entfernt, sein Durchmesser beträgt 16 Lichtjahre. Er enthält soviel Materie, dass er mehrere hundert Sterne hervorbringen könnte. Diese

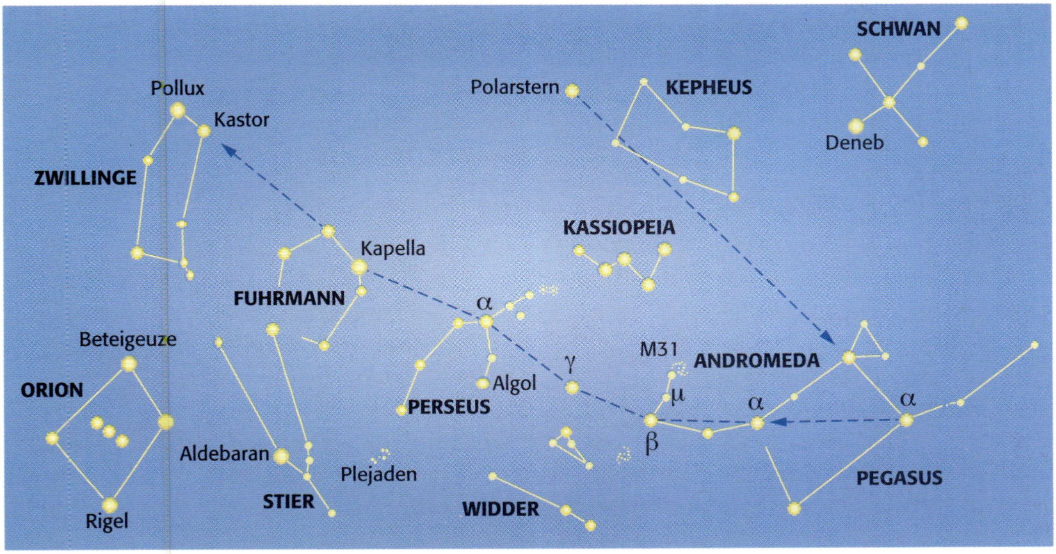

Die längste Linie am Himmel beginnt beim Pegasus-Viereck, setzt sich über Alpha – Beta – Gamma in der Andromeda, dann über Alpha im Perseus, neben dem veränderlichen Stern Algol, und schließlich über die helle Kapella im Fuhrmann fort, bevor sie in Kastor und Pollux in den Zwillingen endet.

riesige Wolke wird durch die UV-Strahlung sehr heißer Sterne (über 30 000 °C) angeregt, die ihn zum Leuchten bringt.

Der Andromeda-„Nebel", unsere Nachbargalaxie

Die einzige Galaxie, die wir von unserer Halbkugel aus mit bloßem Auge beobachten können, ist M 31, die fälschlicherweise auch „Andromeda-Nebel" genannt wird, obwohl es sich um eine Galaxie handelt. Sie erscheint wie ein kleiner verwaschener Stern der Größenklasse 5, in der Verlängerung der Linie, die durch die Sterne Beta und Mü in der Andromeda gebildet wird. Es ist das am weitesten entfernte Himmelsobjekt, das man mit bloßem Auge sehen kann, 30 Milliarden Milliarden Kilometer von uns entfernt, dessen Licht 3 Millionen Jahre zu uns reist.
M 31 ist eine Spiralgalaxie, die der unseren in der Form gleicht, jedoch etwas größer ist. Mit dem Fernglas werden Sie nur die Kondensation im Zentrum sehen, deren Durchmesser rund 1° beträgt. Suchen Sie sie im Sommer und im Herbst, bei klarem und dunklem Himmel, wenn Andromeda ziemlich hoch über dem Horizont steht.
Genau wie unsere eigene Galaxie, ist die Andromeda-Galaxie von zwei Satellitengalaxien ganz in ihrer Nähe umgeben, die man mit einem 10x50-Fernglas gut sehen kann.

Fünfhunderttausend Sterne im Herkules

M 13 ist ein Sternhaufen mit über 500 000 Sternen, die in einem Gebiet von 150 Lichtjahren Durchmesser beieinander stehen. Die Astronomen bezeichnen diese Art Gebilde als „Kugelsternhaufen".
Bei optimalen Himmelsbedingungen (sehr selten!) können Sie ihn mit bloßem Auge wie einen Stern der Größenklasse 6 suchen. Die Lokalisierung mit dem Fernglas wird durch seine Position zwischen Eta und Zeta im Herkules erleichtert, die die rechte senk-

rechte Seite des Trapezes auf dem Weg von Wega zur Nördlichen Krone (s. S. 30) bilden. Wenn Sie mit dem Fernglas den Himmel zwischen Eta und Zeta absuchen, werden Sie, näher an Eta, mühelos auf M 13 stoßen: einen etwas verwaschenen „Stern“, ein kleiner runder diffuser Fleck, ohne deutliche Umrisse. Der günstigste Zeitpunkt zur Beobachtung ist im Sommer gegen Mitternacht oder im Morgengrauen im Winter.

Offener Sternhaufen oder Kugelsternhaufen?

Die Himmelskarten weisen zwei unterschiedliche Arten von Sternhaufen aus: offene Sternhaufen und Kugelsternhaufen. Was hat man sich darunter vorzustellen und woran erkennt man sie? Offene Sternhaufen sind relativ junge Sternformationen, allerhöchstens ein paar hundert Millionen Jahre alt, sie bestehen aus maximal ein paar hundert Sternen, oft auch weniger. Der Prototyp sind die Plejaden.
Kugelsternhaufen wie M 13 im Herkules sind mehrere Milliarden Jahre alt und umfassen Hunderttausende von Sternen. Sie befinden sich nicht in der galaktischen Ebene, sondern bilden eine Art kugelförmigen Halo um unsere Galaxie. Offene Sternhaufen und Kugelsternhaufen unterscheiden sich also deutlich voneinander.

Der Doppelsternhaufen im Perseus

Hier gibt es zwei einander nahe stehende Objekte, die mit bloßem Auge zu einem länglichen Nebel verschwimmen. Die beiden Sternhaufen sind gleichweit entfernt von den Sternen Gamma im Perseus und Delta in der Kassiopeia und stehen vor dem Hintergrund der Milchstraße (s. S. 32). Der Abstand zwischen diesen beiden nebligen Flecken beträgt 30’. Durch das Fernglas offenbaren die beiden offenen Sternhaufen ihren Glanz mit Dutzenden von Sternen. Am erstaunlichsten sind die Farben dieser kleinen Gestirne, die von Blau bis Knallrot reichen! Fachleute sagen, dass diese Sternhaufen sehr jung sind: Sie sind nur drei Millionen Jahre alt …
Da dieses Doppelsystem zirkumpolar ist, können wir es von unseren mittleren Breiten aus immer sehen. Am günstigsten sind die Sternhaufen zu beobachten, wenn Kassiopeia ein M über dem Polarstern bildet

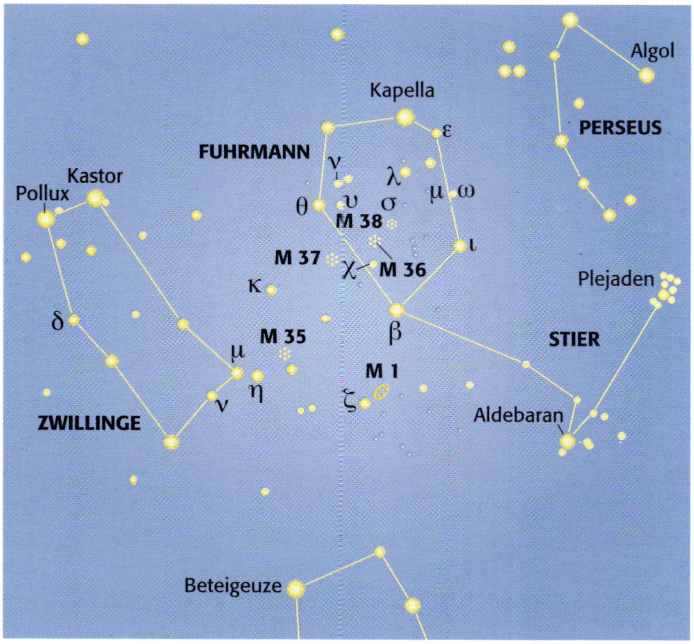

Die Plejaden und Hyaden können schon mit bloßem Auge gesehen werden, während man die Sternhaufen M 35, M 36, M 37 und M 38 nur mit dem Fernglas in den Zwillingen und im Fuhrmann entdeckt. Ein schwieriges Fernglas-Objekt ist der Supernova-Überrest M 1 im Stier.

und sie im Herbst sehr hoch am Himmel stehen. Legen Sie sich einfach mit dem Rücken auf den Boden und stützen Sie die Ellenbogen auf, um Ihr Fernglas zu halten.

M 44: Krippe, Bienenstock oder Praesepe

M 44 ist mit bloßem Auge neben Delta im Krebs zu erkennen, etwa auf halber Strecke zwischen Regulus im Löwen und Pollux in den Zwillingen. Er scheint in einem kleinen Dreieck eingeschlossen, das den Körper des Tiers bildet: Diese Sterngruppe wird als Krebs bezeichnet.
Das kleinste Fernglas löst „die Krippe“ in etwa dreißig verschiedene Sterne der Größenklasse 6 und 7 auf, die sich in relativ großem Abstand voneinander vor dem Hintergrund lichtschwacher Gestirne abzeichnen. Es handelt sich um einen offenen Sternhaufen, dessen Durchmesser mehr als doppelt so groß ist wie der des Mondes.
Das Ende des Winters oder der beginnende Frühling eignen sich für die Beobachtung am besten.

Der offene Sternhaufen in den Zwillingen

M 35 ist ein schöner offener Sternhaufen, den man schon mit einem Opernglas zwischen Eta in den Zwillingen und Theta im Fuhrmann finden kann. Er sieht aus wie ein weißlicher Fleck am nördlichen Fuß von Kastor, der ihn scheinbar wie einen Ball „wegschießen“ will. Sie können ihn auch aufgrund seiner Nähe zu Beta im Sternbild Stier finden.
Durch das Fernglas kann man zahlreiche kleine Sterne vor einem verwaschenen weißlichen Hintergrund sehen. Der Durchmesser entspricht dem des Vollmonds.
M 35 kann man im Februar und März beobachten.

Südliche Fernglasobjekte

Der Schütze ist der Himmelsbereich, in dem es am meisten Sternhaufen gibt. Leider erweisen sich Beobachtungen in mittleren Breiten aufgrund seiner Nähe zum Horizont als schwierig. Man muss weiter nach Süden „hinunter“reisen, beispielsweise nach Nordafrika, um M 21, M 22, M 24 und besonders M 20, den Trifid-Nebel, gut erkennen zu können. Auch andere südliche Sternbilder bergen bemerkenswerte Objekte, die man durch ein Fernglas sehen kann.

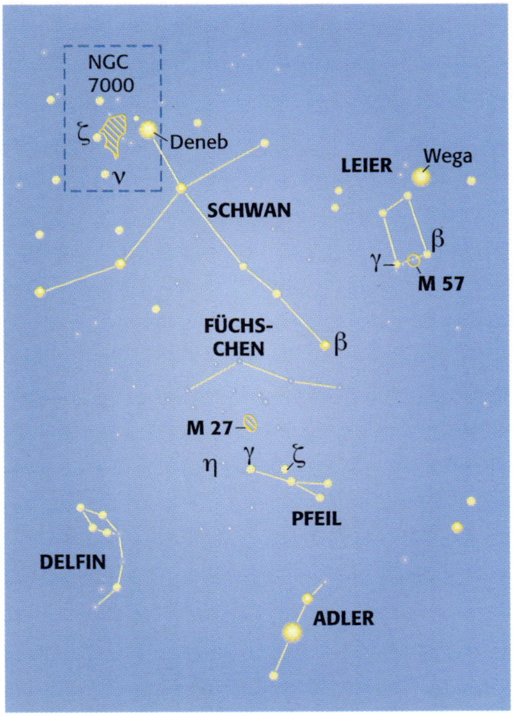

Verschiedene interessante Himmelsobjekte, die man mit dem Fernglas im Bereich von Schwan, Leier und Füchschen beobachten kann: Der Gasnebel NGC 7000 (7000 weist auf die Ordnungsnummer im New General Catalog hin), genannt Nord-Amerika-Nebel, ist eine Lichtkonzentration in der Milchstraße und der Hantel-Nebel, M 27, im Füchschen. Durch das Fernglas erscheint der ringförmige Nebel in der Leier, M 57, wie ein Stern.

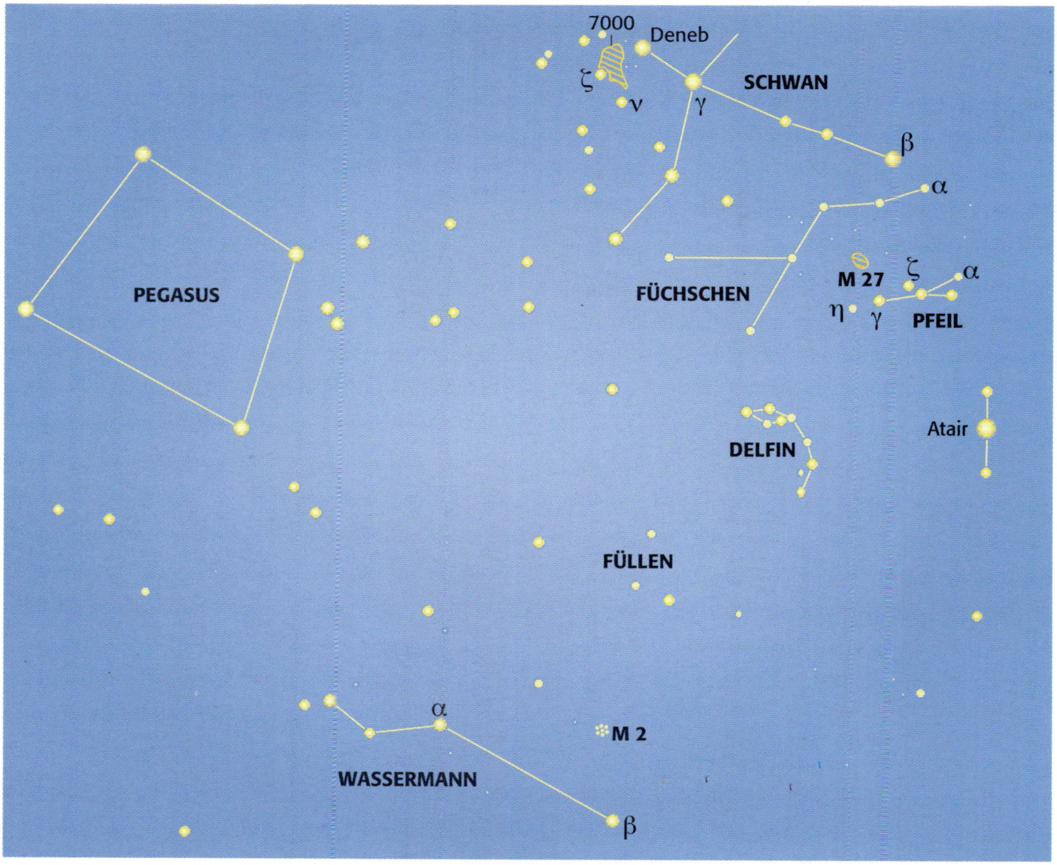

Der Planetarische Nebel M 27 im Füchschen wirkt im Fernglas wie ein verwaschener Stern. Der Kugelsternhaufen M 2 hingegen sieht aus wie ein großer heller Nebel.

Weitere schöne Fernglasobjekte

Bezeichnung	Sternbild	Position	Bemerkungen
M 2	Wassermann	Oberhalb von Beta	Kugelsternhaufen, heller großer Fleck
M 5	Schlange	Bildet ein gleichseitiges Dreieck mit Epsilon und Mü	Kugelhaufen, deutlich als verwaschene Scheibe
M 8 (Lagunen-Nebel)	Schütze	Westlich von Lambda im Schützen	Offener Sternhaufen, von leuchtendem Nebel umgeben, der durch ein dunkles Band geteilt wird
M 11	Schild	Westlich von Lambda im Adler	Offener Sternhaufen, dreiecksförmig
M 27 (Hantel-Nebel)	Füchschen	In der Mitte zwischen Beta im Schwan und Beta im Delfin	Nebel, schwer zu sehen
M 36	Fuhrmann	Zwischen Theta im Fuhrmann und Beta im Stier	Offener Sternhaufen, einzelne Sterne erkennbar
M 37	Fuhrmann	Zwischen Theta im Fuhrmann und Beta im Stier	Offener Sternhaufen, erscheint als heller großer ovaler Nebel
M 92	Herkules	Zwischen Pi im Herkules und Beta im Drachen	Kugelsternhaufen, erscheint als heller Nebel

Doppelsterne für das Fernglas

Wie wir auf Seite 72 gesehen haben, kann man manche Doppelsterne schon mit bloßem Auge sehen. Viel interessanter aber ist noch die Beobachtung mit einem Fernglas:

Stern	Winkelabstand	Helligkeit der Komponenten
Beta im Löwen	19′	2 – 6
Gamma im Kleinen Bären	17′	3 – 5,8
Mizar und Alkor im Großen Bären	11′ 48″	2,5 – 4,5
Gamma im Füllen	6′	5 – 6
Beta im Steinbock	3′ 25″	3,5 – 6
Theta im Orion	2′ 15″	5 – 5,5
Gamma im Hasen	1′ 36″	4 – 6,5
Tau im Stier	1′ 03″	4,5 – 7
Nü im Drachen	1′ 02″	5 – 5
Zeta in der Leier	44″	4,3 – 5,7
Sigma im Orion	42″	4 – 6,5
Nü im Skorpion	41″	4,5 – 7
Beta im Schwan	34″	3 – 5,0
Psi im Drachen	30″	5 – 6
Iota im Krebs	30″	4 – 6,5

Beta im Schwan ist einer der schönsten Doppelsterne am Himmel (s. S. 31).

Am Ende der Unendlichkeit, entfernte Galaxien

Die Beobachtung entfernter Galaxien mit gängigen Ferngläsern ist äußerst schwierig. Es kann sein, dass Sie an einem Abend ein oder zwei beobachten können, an den folgenden Abenden aber nicht. Es ist somit unmöglich, im Voraus über den optimalen Beobachtungszeitpunkt dieser lichtschwachen Objekte zu entscheiden. Man muss warten können ...
Seien Sie aber bereit, wenn es soweit ist. Die „Fenster" für mögliche Beobachtungen sind eng: Wolken, Nebel, Wind, Sonnenaufgang und natürlich der Mond werden Ihre größten Feinde sein.

Galaxien von vorne

Galaxien, auf die wir frontal blicken, erscheinen als größerer Fleck als die, die man im Profil sieht. Neben der Andromeda-Galaxie sind die Galaxien M 101 im Großen Bären und M 51 in den Jagdhunden manchmal durch das Fernglas zu erkennen. Beginnen Sie mit ihnen, um Übung zu bekommen. Verwenden Sie eine detaillierte Karte oder einen Himmelsatlas. Blicken Sie ein wenig am gesuchten Objekt vorbei, um nicht den mittleren – unempfindlichsten – Bereich der Netzhaut zum Sehen einzusetzen. Man hat festgestellt, dass die Augen von Kindern zwischen neun und zwölf Jahren für diese Art der Beobachtung am besten geeignet sind.

Was man mit einem Spektiv erkunden kann

Zunächst den Mond, auf dem Sie Hunderte von Kratern entdecken werden, die Venusphasen, die Jupiterscheibe und die Umrundung durch seine vier größten Monde, den Orion-Nebel, die Andromeda-Galaxie, einige Sternhaufen und viele Doppel- und Mehrfachsterne. Dazu kommt die Sonne durch Projektion. Was die Saturnringe anbetrifft, so werden Sie sie nur mit mehr als 40facher Vergrößerung sehen.

Wie viele Galaxien kann man sehen?

Mit bloßem Auge kann man nur drei Galaxien sehen: M 31 von der Nordhalbkugel aus und die beiden Magellanschen Wolken von der Südhalbkugel aus. Mit dem Fernglas sind Ihnen mehr als ein Dutzend Galaxien zugänglich. Theoretisch eröffnet Ihnen ein Fernglas mit einem Durchmesser von 50 oder 60 mm (bei optimalen Himmelsbedingungen und einer guten Optik) sogar den Blick auf 80 bis 100 Galaxien! Mit einem Teleskop von 115 mm, von dessen Anschaffung Sie vielleicht träumen, könnten Sie die Zahl lediglich verdoppeln auf rund 200 Galaxien.

Die großen Himmelsschauspiele

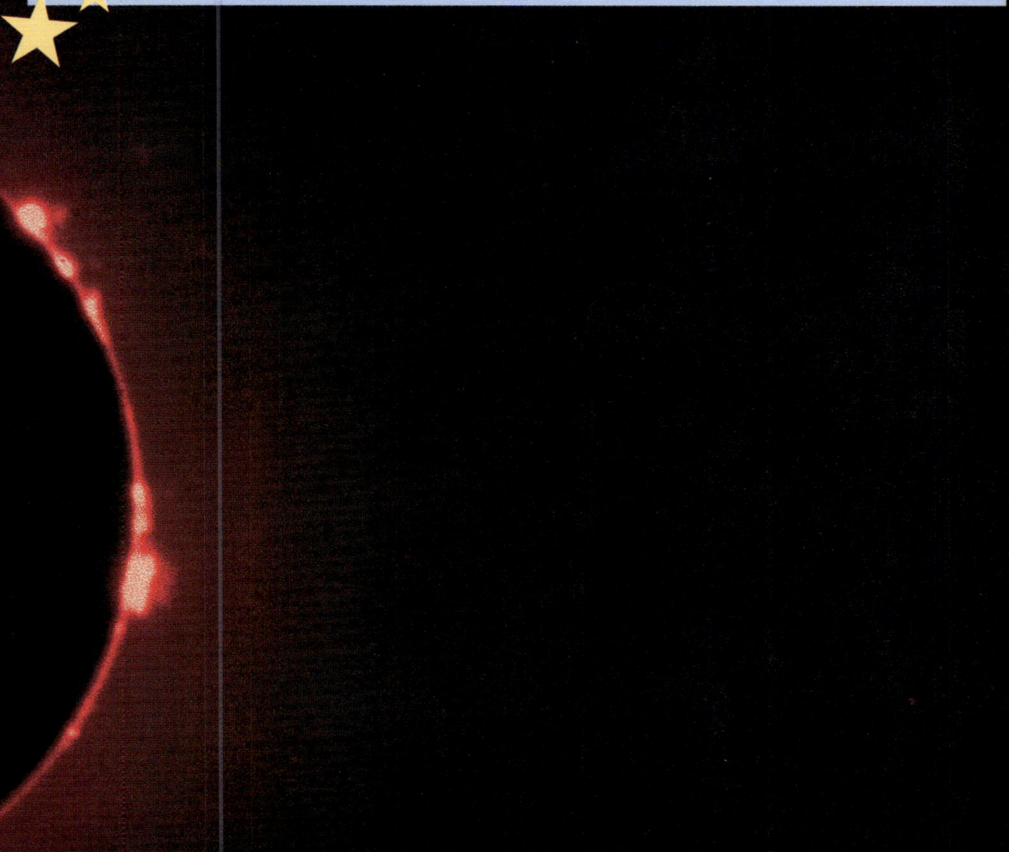

Planetentreffen

Die Beobachtung einer Konjunktion ist eigentlich nichts außergewöhnliches, aber ein schönes Schauspiel. Es handelt sich um das Zusammentreffen zweier Gestirne am Himmel aus unserer Perspektive. Dies können zwei Planeten sein, ein Planet und ein Stern, ein Gestirn und der Mond oder ein Planet und die Sonne (im letzten Fall wird der Planet unsichtbar).

Konjunktionen mit dem Mond

Die häufigsten aller Konjunktionen sind die, die sich in allen Mondphasen, etwa alle 29 Tage, zwischen dem Mond und den leuchtenden Planeten ereignen. Nicht jede davon ist zu beobachten; in Astronomie-Jahrbüchern kann man die Termine der „dichtesten" Konjunktionen nachlesen, und dies ist sogar eine Möglichkeit, einen leuchtenden Planeten zu finden, dessen Position man nicht kennt.
Manchmal passiert es, dass die Konjunktion zwischen dem Mond und einem Planeten so eng ist, dass sich der Mond vor den Planeten schiebt: Er bedeckt ihn. Das Vorüberziehen des Mondes vor dem Sternhaufen der Plejaden führt sowohl zu Konjunktionen, als auch zu bemerkenswerten Sternbedeckungen (s. S. 39).

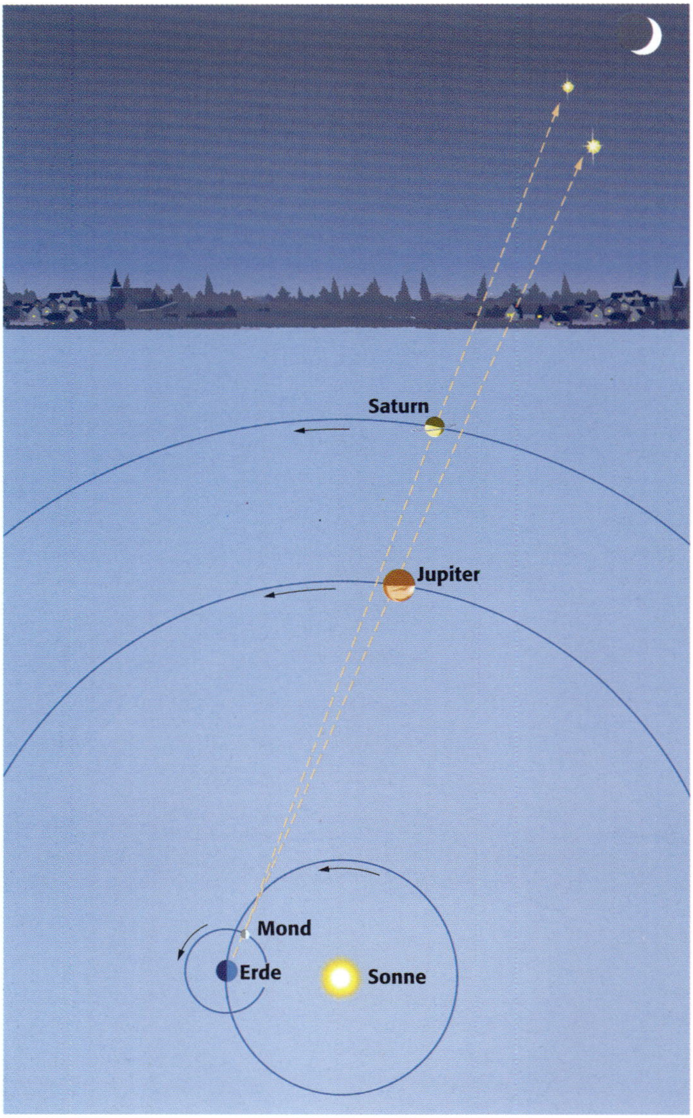

Eine Konjunktion ist lediglich ein perspektivischer Effekt. Eine tatsächliche Annäherung im Weltraum findet dabei nicht statt.

Venus und Jupiter im Jahr 2 v. Chr

Manchmal geschieht es, dass Venus und Jupiter sich so nahe kommen, dass sich Venus vor Jupiter schiebt. Dann wird der leuchtende Planet Jupiter zusätzlich in das weiße Licht von Venus getaucht, wodurch eine extreme Helligkeit entsteht, die viel strahlender ist als die aller anderen Sterne. Jüngere Berechnungen zeigen allerdings, dass dies zuletzt im Jahr 2 v. Chr. am Himmel Babylons geschah. Die nächste durch die Venus verursachte Jupiterfinsternis wird am 22. November 2065 stattfinden.

Bei klarem Himmel begleiten die Venus und einige Sterne die Mondsichel, die mit dem aschgrauen Mondlicht als ganze Scheibe erscheint.

Konjunktion zwischen Planeten

Relativ häufig, aber insgesamt doch seltener sind Konjunktionen zwischen Planeten. Meistens handelt es sich um Merkur oder Venus, die gleichzeitig mit einem anderen Planeten am Morgen- oder am Abendhimmel zu sehen sind. 2001 z. B., als sich Jupiter und Saturn beide im Sternbild Stier befanden, konnte man schöne Konjunktionen zwischen ihnen und Venus sehen.

Das goldene Dreieck und die große Linie

Wenn Mars, Jupiter und Saturn relativ nahe beieinander stehen, können Sie das berühmte „Goldene Dreieck" bilden, wie es im Laufe der ersten Monate des Jahres 1982 der Fall war.

Die große Planetenlinie, bei der alle Planeten auf derselben Sonnenseite in einer Reihe zu sehen wären, gab es jedoch nicht, seit der Mensch den Himmel beobachtet. Am 27. Januar 2002 konnte man allerdings beobachten, wie sich Mars, Jupiter und Saturn in einem engen Bereich des Tierkreises aufhielten, zwischen Fischen und Zwillingen, während sich Merkur in unterer Konjunktion in einer Linie mit Erde und Sonne befand. Eine ähnliche Konstellation gab es am 21. August 2003 zwischen Uranus, Mars, Erde, Sonne, Jupiter und Venus (in dieser Reihenfolge).

Ein Planetentreffen können Hobby-Fotografen aufnehmen, indem sie ihre Kleinbildkamera auf die Sternbilder richten, in denen das Treffen stattfindet, und mindestens eine Minute belichten. Der Apparat muss dazu auf einem stabilen Stativ montiert sein.

Die nächsten Planetentreffen

26. August 2004	Venus und Saturn	morgens
27. September 2004	Merkur, Mars und Jupiter	tagsüber
4. September 2005	Venus und Jupiter	am frühen Abend
18. Juni 2006	Mars und Saturn	am frühen Abend
14. Oktober 2007	Venus und Saturn	morgens
3. Februar 2008	Venus und Jupiter	morgens

Kometen

Im Jahr 1986 war es der Halleysche Komet, im Frühjahr 1996 Hyakutake und 1997 der leuchtende Komet Hale-Bopp. Solche spektakulären Kometen sind selten, aber jedes Jahr gibt es Kometen, die nur mit einem Fernglas zu sehen sind.

Wie sieht ein Komet aus?

Im Allgemeinen handelt es sich um einen nicht sehr hellen Punkt, der von einem Nebel umgeben ist, welcher in Form einer Lichtspur ausläuft. Der helle Punkt ist der Kern des Kometen, die Spur ist der Schweif, und der diffuse Teil um den Kern ist die Koma.
Es gibt aber beim Aussehen dieser seltsamen Gestirne eine schier unüberschaubare Vielfalt. Die einen haben mehrere Schweife, andere nur einen Kern mit Koma, manchmal ist auch die Koma sehr diffus. Schließlich gibt es Kometen ohne sichtbaren Kern, die als sehr undeutlicher Nebel erscheinen. Die geraden oder leicht gebogenen Schweife zeigen immer in die der Sonne entgegengesetzte Richtung.

Die Bahnen der Kometen

Erinnern wir uns, dass Kometen auf sehr weiten Bahnen um die Sonne kreisen. Ein Komet ist nur über einen gewissen Zeitraum hinweg zu sehen. Zunächst entdeckt man ihn in einer Himmelsregion, in der man in der Nacht zuvor nichts dergleichen gesehen hat. Am nächsten oder übernächsten Tag sieht man ihn wieder, aber inzwi-

Haben Sie einen Kometen entdeckt ?

Sind Sie wirklich ganz sicher? Haben Sie in einem genauen Atlas nachgesehen, dass es sich nicht um ein anderes diffuses Objekt am Himmel handelt? Dann benachrichtigen Sie das nächste Observatorium und teilen Sie diesem die genaue Position mit (Sternbild und Himmelskoordinaten). Geben Sie seine Helligkeit, gemessen an der Helligkeit der umliegenden Sterne an. Noch besser ist, Sie informieren das Central Bureau for Astronomical Telegrams, Smithsonian Astrophysical Observatory, Cambridge, USA: (http://cfa-www.harvard.edu/cfa/ps/cbat.html).

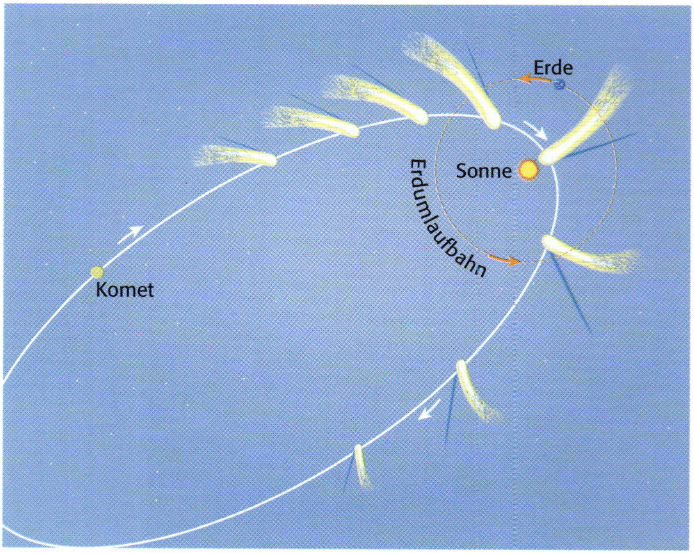

Wenn sich ein Komet der Sonne nähert, bildet er einen Schweif aus, der immer von der Sonne wegzeigt.

schen hat er sich unter den Sternen weiter bewegt. Man verfolgt ihn so über mehrere Nächte oder Wochen, manchmal auch mehrere Monate hindurch, dann wird er schwächer und verschwindet.
Oft verliert man den Kometen, wenn er sich der Sonne nähert und in ihrer Strahlung versinkt. Er erscheint dann auf der anderen Seite der Sonne wieder, bevor er schließlich ganz verschwindet.
Viele neue Kometen werden von ganz normalen Hobby-Astronomen entdeckt, die sich gut am Himmel auskennen. Wenn Sie einen Kometen durch das Fernglas entdeckt haben, markieren Sie sich jeden Abend die Position seines Kerns auf einer Himmelskarte und vermerken Sie die Richtung und Länge seines Schweifs (soweit vorhanden). Nach einer Woche werden Sie die Bewegung des Kometen im Vergleich zu den Sternen bemerken, ebenso seine Helligkeitsänderungen, die Sie in Bezug auf die Helligkeiten der Nachbarsterne festhalten können. Kometen sind jedoch schwierig zu finden und zu beobachten.

Kometensuche mit einem 7x50-Fernglas

Ein Komet ist sehr leicht mit einem Nebel zu verwechseln. Nur an der Bewegung dieses schwachen Punktes kann man erkennen, dass es sich tatsächlich um einen Kometen handelt.
Ein 7x50-Fernglas eignet sich gut dazu, einen Kometen zu suchen und sein Aussehen zu studieren. Sein Licht ist meist so schwach und diffus, dass man immer weniger sehen kann, je mehr man „vergrößert".

Periodische Kometen

Kometen tauchen ohne Vorankündigung auf. Manche allerdings kehren periodisch zurück und man kann ihre Wiederkehr berechnen.

Dieses Foto des berühmten Kometen Hale-Bopp zeigt einen langen gebogenen gelblichen Schweif aus Staub und einen bläulichen geraden Gasschweif mit Strukturen, die mit bloßem Auge nicht sichtbar sind.

Ein Komet kann über mehrere Nächte und sogar mehrere Wochen hinweg mit bloßem Auge zu sehen sein.

Der Halleysche Komet, den wir zuletzt 1986 sahen, wird im Jahr 2061 wiederkehren. Auf Hale-Bopp werden wir noch mehrere Jahrtausende warten müssen.

Besondere Himmelsphänomene

Zur großen Freude der Himmelsliebhaber gibt es außer Konjunktionen und Kometen noch zahlreiche andere Himmelsschauspiele. Erfahrenere Beobachter können Sternbedeckungen beobachten, den grünen Strahl, den Gegenschein, nachtleuchtende Wolken und das Zodiakallicht.

Ein Versteckspiel

Manchmal geschieht es, dass der Mond vor einem hellen Stern oder einem Planeten vorüberzieht. Eine solche „Bedeckung" zu beobachten, ist immer interessant, ganz besonders durch ein Fernglas. Sie beginnt mit dem Eintritt (oder dem Verschwinden) des bedeckten Sterns am östlichen Rand des Mondes (linker Rand) und endet mit seinem Austritt (oder Wiedererscheinen) am westlichen Mondrand (rechter Rand). Eine Bedeckung dauert maximal eine gute Stunde.

In der Abenddämmerung erscheint der Planet Mars kurz vor dem Verschwinden als winziger orangefarbener Punkt etwas links von der Sichel des Mondes (links). Zwanzig Minuten später taucht der Planet aufgrund der Mondbewegung an dessen hellem Rand wieder auf (rechts).

Bedeckungsein- und -austritt

Den Eintritt kann man leicht verfolgen, wenn man den Stern, der verschwinden wird, im Auge behält. Der Austritt jedoch überrascht immer durch seine Plötzlichkeit. Die sehenswertesten Bedeckungen sind die, bei denen ein Gestirn bei sichelförmigem Mond hinter dem dunklen Rand des Mondes verschwindet oder erscheint. Man sieht dann, wie der Stern ganz plötzlich erlischt oder aufleuchtet.
Im Fall eines Planeten entwickelt sich das Phänomen allmählich, was noch spektakulärer ist, es spielt sich innerhalb von Minutenbruchteilen ab. Die Astronomie-Jahrbücher und -Zeitschriften informieren regelmäßig über die nächsten Stern- oder Planetenbedeckungen durch den Mond. Sie geben die Punkte am Kreisrand des Mondes an, an denen Ein- und Austritt zu erwarten sind. Diese Berührungspunkte werden durch den so genannten Positionswinkel ausgedrückt:

Besondere Bedeckungen

Am 23. Februar 2002 schob sich der Mond vor den Riesenplaneten Jupiter, eine Bedeckung, die man in Mitteleuropa gut beobachten konnte. Am 16. April 2002 wiederholte sich das Schauspiel mit dem Ringplaneten Saturn. Die Beobachtung des Verschwindens und Wiederauftauchens des Saturnrings war besonders beeindruckend.

Für denjenigen, der sich die Zeit nimmt, einen Sonnenuntergang zu beobachten, ist dies immer wieder ein ganz besonderer Moment.

Nordpol des Mondes = 0°, Osten = 90°, Süden = 180° und Westen = 270°.
Manchmal streift der Stern oder der Planet die Mondscheibe lediglich. Es handelt sich dann um eine streifende Bedeckung, die man durch ein Fernglas oder ein Spektiv mit Stativ gut beobachten kann.

Sonne und Mond am Horizont

Das Licht breitet sich im interplanetaren Raum in gerader Linie aus, es durchläuft jedoch in der Erdatmosphäre einen gekrümmten Weg, da diese kein homogenes Medium ist. Unter normalen Bedingungen weist die Atmosphäre mit zunehmender Höhe immer weniger dichte Schichten auf, so dass die von einem Stern ausgehenden Lichtstrahlen beim Durchdringen dieser Schichten immer stärker gebrochen werden und einer gebogenen Bahn folgen, die zum Boden führt.
Die Gestirne erscheinen daher ganz besonders stark „angehoben“, wenn sie sich nahe am Horizont befinden, das bedeutet von etwa 1’ bei 45° über dem Horizont bis zu 36’ am Horizont. Wenn Sie also sehen, dass die Sonne die Horizontlinie berührt, ist sie in Wirklichkeit bereits untergegangen; umgekehrt sehen Sie die Sonnenscheibe schon vor ihrem tatsächlichen Aufgang. Diese Refraktion ist auch die Ursache für die Verformung der Sonne in Horizontnähe, die so die bizarrsten Formen annehmen kann: Sie kann plattgedrückt wie ein Rugby-Ei erscheinen, manchmal wie eine Säule aussehen oder, sehr selten, aufgrund unregelmäßiger horizontaler Lichtbrechungen den Eindruck erwecken, als breche sie in mehrere Teile auseinander. Beim Mond ist das Phänomen weniger ausgeprägt, da sein Licht weniger aufgeheizte Luftschichten zu durchdringen hat.

Was ist der grüne Strahl?

Der grüne Strahl ist nicht nur ein Mythos, den Jules Verne in seinem Roman mit dem gleichlautenden Titel verwendet.
Besonders am Meer oder im Hochgebirge kann man bei sehr klarem Himmel, wenn

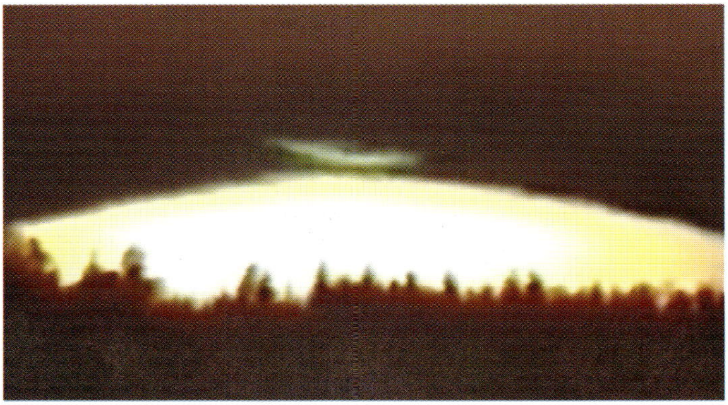

Der grüne Strahl, aufgenommen mit Hilfe eines Camcorders, der an ein Fernrohr gekoppelt wurde.

die Sonne fast schon vollständig hinter dem Horizont verschwunden ist, ein sehr kurzes Aufleuchten eines intensiven Grüns an der Stelle sehen, wo der obere Rand der versunkenen Sonnenscheibe den Horizont berührt.

Die Atmosphäre zerlegt das Licht

Wie sind Phänomene wie der grüne Strahl zu erklären? Die atmosphärische Lichtbrechung ist nicht für alle Farben gleich: Die Luft zerlegt das Licht nämlich wie ein Prisma. Am Horizont erreicht die Brechung 36', und die punktförmigen Gestirne wie die Sterne scheinen in ein vertikales Minispektrum aufgefächert, wobei Grün oben und Rot unten erscheint. Der grüne Strahl entsteht nun folgendermaßen: Wenn die Sonne untergeht, wird das letzte Lichtsegment der Sonne in die Regenbogenfarben zerlegt, die alle in den Sonnenstrahlen enthalten sind. Unten ist Rot, dann Orange, Gelb und schließlich Grün. Der obere Rand der Sonnenscheibe erscheint daher mit einem grünen, der untere Rand mit einem roten Streifen.

Genau wenn der obere Rand nun hinter dem Horizont verschwindet, ist nur noch der grüne Streifen zu sehen, und bei sauberer Atmosphäre kann der Beobachter ihn für den Bruchteil einer Sekunde auch deutlich wahrnehmen.

Der Vollmond ist kurz nach seinem Aufgang teilweise durch den Erdschatten verfinstert.

Wann kann man den grünen Strahl beobachten?

Sie werden den grünen Strahl besser bei Sonnenuntergang als bei Sonnenaufgang sehen, weil Sie dann wissen, wo er eventuell auftauchen wird. Fixieren Sie aber keinesfalls die Sonne selbst und verfolgen Sie den Beginn des Phänomens knapp oberhalb der Sonne durch ein Fernglas mit einem neutralgrauen Filter der Dichte 1 oder 2. Wie bereits erwähnt, ist die Sonne über dem Meereshorizont am wahrscheinlichsten bis zum letzten Moment noch zu sehen.

Das bläuliche, horizontnahe Band, das man hinter den Kuppeln des Observatoriums auf dem Pic du Midi sieht, ist der Erdschatten. Man kann ihn nur bei klarem Himmel sehen.

Der Erdschatten

Der Schatten, den die Erdkugel wirft, ist entweder nach Sonnenuntergang oder vor Sonnenaufgang sichtbar. Suchen Sie ihn über dem Horizont, der der Sonne genau gegenüberliegt. Bei klarem Himmel ist er oft gut zu sehen. Er sieht aus wie ein dunkler Bogen, anfangs nicht allzu hoch, fast parallel zum Horizont. Seine Färbung ist im Allgemeinen blaugrau mit einem violettrosa Rand.

Wann kann man den Erdschatten beobachten?

Etwa 20 Minuten nach Sonnenuntergang können Sie eine gute Viertelstunde lang einen riesigen dunklen Schatten mit einem rosa oder violetten Rand sehen, der langsam am Abendhimmel aufsteigt, immer diffuser wird und verschwindet, wenn seine obere Krümmung etwa 40° über dem Horizont steht.

Diese dunkle Wand ist der Erdschatten, der auf die unteren Schichten der Atmosphäre fällt. Morgens sehen wir das umgekehrte Phänomen: Der Bogen erscheint im Westen etwa 30 Minuten vor Sonnenaufgang, dann sinkt er nach und nach zum Horizont hinab. Dieses Phänomen ist noch seltsamer zu beobachten. Im Gebirge zeichnet der Schatten oft ziemlich deutlich die Silhouette der Berge nach.

Ringe um Sonne und Mond

Manchmal geschieht es, dass Lichtringe die Sonne (oder den Mond) umgeben. Diese Ringe entstehen durch die Lichtbrechung an Eiskristallen, die es in der Atmosphäre in einer Höhe zwischen 8000 und 10000 m gibt. Diese Eiskristalle bescheren uns noch weitere Überraschungen, denn manchmal kann man statt eines Halos um die Sonne zwei Lichtflecken links und rechts von unserem Stern sehen: die „Nebensonnen“.

Der Gegenschein

Die Beobachtung dieses Phänomens ist äußerst schwierig, weshalb wir es sozusagen nur in Klammern erwähnen wollen. Der Gegenschein ist eine Art der Sonne entgegengesetztes Leuchten. Bei sehr klarem und mondlosem Himmel kann man sehr selten gegen Mitternacht eine schwach erhellte Zone im Süden beobachten, genau gegenüber von dem Punkt, an dem sich die Sonne unter dem Horizont befindet. Wenn er auch fast nie zu sehen ist, so kann er dennoch manchmal auf einer Fotografie erscheinen, die man im Hochgebirge einige Minuten belichtet hat.

Die Helligkeit des nächtlichen Himmels

Wenn Sie aus einem erleuchteten Innenraum hinaustreten, vermittelt Ihnen die nächtliche Dunkelheit im Freien durch den starken Kontrast den Eindruck von tiefstem Schwarz. Dies ist falsch: In Wirklichkeit ist keine Nacht jemals vollkommen schwarz. Die dunkelsten Nächte sind jene, in denen der Himmel bedeckt ist und das Mondlicht fehlt. Bei wolkenlosem Himmel hingegen, wenn weder künstliche Lichter noch der Mond Helligkeit liefern und der Schein der Dämmerung fehlt, zeigt der Himmel ein leichtes rötliches Leuchten. Diese geringe Helligkeit wird für Ihre Augen nach einer Anpassungszeit von 15 Minuten immer besser wahrnehmbar.

Nach Sonnenuntergang kann man manchmal schwach leuchtende Wolken vor dem dunklen Hintergrund des Himmels erkennen.

Wie eine Kerze

Woher kommt dieses schwache nächtliche Leuchten? Es entsteht durch zahlreiche Lichtquellen: immer vorhandene Lichtemissionen in der oberen Atmosphäre ähnlich den Nordlichtern; das zu bestimmten Zeiten im Jahr auftretende Zodiakallicht; weit entfernte störende Lichter auf der Erde, die die untere Atmosphäre am Horizont erleuchten; schließlich und vor allem das Strahlen der Milliarden von unsichtbaren Sternen der Milchstraße. So kommt es, dass Sie auf dem flachen Land, weitab von viel befahrenen Straßen, je nach Ihrem Sehvermögen, die Landschaft mehr oder weniger genau erkennen und den Weg sehen können, auf dem Sie sich bewegen. Man schätzt, dass diese nächtliche Helligkeit bei klarer mondloser Nacht, fern von Städten und störenden Lichtern, der Helligkeit entspricht, die eine Kerze erzeugen würde, die etwa 60 Meter enfernt ist.

Nachtleuchtende Wolken

Eineinhalb bis drei Stunden nach Sonnenuntergang werden Sie manchmal schwach leuchtende Wolken vor dem fast schwarzen Nachthimmel sehen. Auf diese Weise spie-

gelt sich das Dämmerungslicht an den eisüberzogenen Staubteilchen wider, die in einer Höhe von über 70 km dahinziehen. Diese Wolken haben zwei Hauptursachen. Bei starken Vulkanausbrüchen schleudern Vulkane manchmal kubikkilometerweise pulverisiertes Felsgestein in die Atmosphäre. Dieser Staub kann Monate oder gar Jahre in der oberen Atmosphäre verbleiben und die Erde dabei mehrmals umrunden. Manchmal durchquert die Erde auch bei ihrer Bewegung im interplanetaren Raum Ströme kleiner Meteoroidenpartikel, die den Boden erst nach vielen Monaten erreichen und von höheren thermischen Strömen getragen werden. Man nimmt an, dass diese Mikropartikel die Kerne der Wolken bilden, die in der Nacht schwach leuchten. Ein Phänomen, das man mit der größten Blende und einer Belichtung von einigen Minuten sehr einfach fotografieren kann.

Dieses Zodiakallicht wurde im Februar fotografiert. Etwa in der Mitte des Bildes sieht man den California-Nebel als kleinen länglichen rosa Fleck. Etwas darunter ist der Sternhaufen der Plejaden gut zu erkennen. Die Belichtung dauerte fünf Minuten unter Verwendung eines Objektivs mit 20 mm Brennweite und Blende 2,8.

Die Beobachtung des Zodiakallichts

Sie können es zu Frühlingsanfang etwa eineinhalb Stunden nach Sonnenuntergang im Westen oder im September/Oktober eineinhalb Stunden vor Sonnenaufgang im Osten finden. Wählen Sie eine mondlose Nacht ohne störende Lichteinflüsse mit sehr klarem Himmel. Der Standort muss einen freien Horizont zeigen, damit die Beobachtung möglich ist.

Sie werden einen schwachen Lichtkegel sehen, der etwas nach Süden geneigt über dem Horizont steht und dessen „Spitze" nach oben hin rund ausläuft. Im Vergleich mit dem weißen Licht der Milchstraße erscheint das Zodiakallicht ziemlich gelblich. Es beruht auf der Reflexion und Streuung des Sonnenlichts an Partikeln, die sich um die Sonne herum in der Ebene der Erdbahn befinden.

Am besten kann man das Zodiakallicht beobachten, wenn man versucht, knapp daran vorbei zu blicken. Um es durch die Kontrastwirkung besser festhalten zu können, durchkämmen Sie den Bereich, in dem es sich befinden muss, abwechselnd von links nach rechts und zurück. Wenn Sie es lange fixieren, verschwindet es! In den Tropen ist es ganzjährig zu sehen.

Um es zu fotografieren, benötigen Sie eine Kamera auf einem Stativ, ein kurzbrennweitiges Objektiv und einen empfindlichen Film. Belichtung: maximal 10 Minuten.

Der Mond im Lauf eines Monats

Der erste Blick durch das auf den Mond gerichtete Fernglas ist immer eine Offenbarung. Manchmal reicht er allein schon aus, um eine Leidenschaft für die Himmelsbeobachtung wach zu rufen. Der Mond ist das populärste und das spektakulärste Gestirn in einem.

Der Mond, unser Nachbar

Der Mond ist das Gestirn, das uns am nächsten ist: 384 400 km (im Durchschnitt). Mit 900 km/h würde eine Boeing unseren Satelliten nach 427 Stunden Flugzeit erreichen, was jedoch unmöglich ist, da die Flugzeugflügel nur durch Luft getragen werden und das interplanetare Vakuum nur mit einer Rakete durchquert werden kann. Die größte Geschwindigkeit ist die des Lichts. Es legt fast 300 000 km/s zurück. Um zum Mond zu reisen, benötigt es etwas länger als eine Sekunde.

Was kann man mit dem bloßen Auge auf dem Mond sehen?

Wenn er sichelförmig ist, fast gar nichts. Im Ersten Viertel bemerkt man undeutliche gräuliche Regionen, die weniger leuchten als der Rest des erleuchteten Halbkreises. Am besten kann man bei Vollmond mehrere graue Flecken erkennen, und wenn man sich ihre Position genau merkt, stellt man fest, dass es sich immer um dieselben Flecken handelt, die bei jedem Vollmond wiederkehren. Im Letzten Viertel erkennt man wieder einige gräuliche Regionen. Seit alters stellt man das Antlitz des Vollmonds als menschliches Gesicht dar. Dieser Eindruck verschwindet sofort, wenn man den Mond durch ein optisches Gerät beobachtet.
Betrachten Sie den Mond durch ein Fernglas, und Sie werden beim besten Willen weder Augen noch Nase finden können. Stattdessen werden Sie besonders bei Halbmond eine Vielzahl Details in einem Relief aus Licht und Schatten erkennen.

Der Mond durch Fernglas und Spektiv

Ein einfaches 8x30-Fernglas reicht schon aus, um sich ein Bild von der allgemeinen Topografie unseres Satelliten zu machen: Wählen Sie einen Zeitpunkt um einen der Halbmonde, wenn die Mondoberfläche durch die Schatten auf dem Boden sehr plastisch und detailreich erscheint. Beim Terminator (innere Begrenzung des Halb-

Steckbrief Mond

- Abstand zur Erde: 384 400 km
- Durchmesser: 3480 km
- Scheinbarer Durchmesser: 31′ (das sind etwa 0,5°).
- Oberfläche: 1/14 der Erdoberfläche
- Volumen: 1/50 des Erdvolumens
- Masse: 1/81 der Erdmasse
- Mittlere Dichte: 3,42
- Oberflächenbeschleunigung: 1/6 der Erdbeschleunigung
- Temperatur: –150 °C in der Nacht, +150 °C am Tag
- Umlaufdauer: 27 Tage, 7 Stunden und 43 Minuten
- Phasendurchlauf (Lunation): 29 Tage, 12 Stunden und 44 Minuten
- Rotation: gleiche Dauer wie die Umlaufzeit; der Mond zeigt uns also immer dieselbe Seite
- Mondtag (Dauer der Sonnenbestrahlung auf dem Mond): 14,5 Tage
- Alter: 4,5 Milliarden Jahre, ebenso wie die Erde

monds = Grenze zwischen Hell und Dunkel) werden Sie einige Krater erkennen, weite kreisförmige Arenen von über 100 km Durchmesser, die ineinander übergehen. Sie werden auch große graue Flächen sehen. Dies sind die Ebenen, die die ersten Astronomen „Meere“ nannten, da sie in ihnen ein Abbild unserer Ozeane sahen. Heute weiß man jedoch, dass es in den Mondmeeren kein flüssiges Wasser gibt. Es handelt sich um weite, ziemlich ebene Basaltflächen. Sie werden in dem zerrissenen Relief auch Bergketten erahnen. Auch am äußeren Rand der Scheibe können Sie durch den Kontrast mit dem dunklen Himmel zahlreiche Details erkennen. Das einfachste auf einem Stativ befestigte Spektiv mit 25facher Vergrößerung wird Sie über ein Relief führen, das durch die Schatten verstärkt wird, die den Grund der Krater bedecken und von Erhebungen geworfen werden.

Der Mond mit aschgrauem Licht und Merkur in der Abenddämmerung.

Bei Vollmond werden Sie jedoch lediglich eine riesige weiße Wüste mit unterschiedlich hellen Flecken sehen. Sobald das Licht von vorne auf die Reliefs trifft, verschwinden sie.

Immer dieselbe Seite!

Wenn Sie den Mond aufmerksam beobachtet haben, ist Ihnen sicher aufgefallen, dass er immer gleich aussieht. Die Astronomen der Antike wussten bereits, dass wir nur eine Halbkugel des Mondes sehen, und zwar immer dieselbe: Es gibt die „sichtbare Seite“ und die „unsichtbare Seite“. Trotzdem dreht sich der Mond, aber seine Drehung um die eigene Achse dauert genau so lange wie sein Umlauf um die Erde, wobei beide Bewegungen in derselben Richtung ablaufen.

Der Mondschein

Der Mond ist – wie die Erde – eine dunkle Kugel, die auf einer Seite von der Sonne angestrahlt wird. Das Mondlicht ist also nichts anderes als das in den Raum reflektierte Sonnenlicht: Es ist ein Lichtreflex. Versuchen wir, uns mit Hilfe einiger Zahlen eine Vorstellung davon zu machen. Die Physiker verwendeten früher eine Beleuchtungseinheit, die sie immer vor Augen hatten, nämlich die einer Kerze in einem

Abstand von einem Meter. Die Helligkeit des Vollmonds entspricht etwa der Helligkeit einer Kerze in einem Abstand von zwei Metern.
Das ist ziemlich schwach, selbst, wenn man sich nur eine Notiz machen möchte. Dagegen blendet uns die Sonne mittags rund 400 000-mal stärker als der Vollmond.

Diese elf Bilder des Mondes in Folge bei seinem Untergang über Nizza zeigen die scheinbare Bahn unseres Satelliten von Osten nach Westen, die durch die Erdrotation innerhalb von 23 Stunden und 56 Minuten bedingt ist.

Welche Farbe hat der Mond?

Wenn man den Malern glaubt, taucht der Mond eine Landschaft auf der Erde in ein graublaues Licht. Die Dichter sehen das Mondlicht mal silbrig, mal kupferfarben. Es stimmt, dass der Mond manchmal orangefarben ist, wenn er als Vollmond über dem Horizont aufsteigt. Dieser Anblick hält jedoch nicht lange an: Der Mond, der wegen der atmosphärischen Streuung und Absorption am Horizont kupferfarben erscheint, wird zum Zenit hin weißer. Dasselbe Phänomen beobachten wir, wenn die Sonne aufgeht. Tatsächlich ist das Mondlicht weder blau, noch weiß, noch orangefarben. Es ist blassgelb. Wenn das reflektierte Sonnenlicht gegen Mitternacht bläulich erscheint, so geschieht dies infolge einer optischen Täuschung, die als „Purkinje-Effekt“ bekannt ist, nach dem Namen des Physiologen, der diese Verschiebung in der Farbwahrnehmung bewiesen hat.

Die Eigenbewegung des Mondes

Stellen wir uns vor, wie wir an einem schönen Frühlingsabend die zarte Mondsichel betrachten. Mit der Zeit merken wir, dass der Mond und die Nachbarsterne schräg zum westlichen Horizont hinabzugleiten scheinen. Innerhalb einer Viertelstunde ist diese scheinbare Verschiebung gegenüber den Orientierungspunkten auf der Erde schon sehr ausgeprägt. Setzen wir unsere Beobachtungen damit fort, dass wir einen Stern in der Nähe des Mondes zur Orientierung auswählen und eine Skizze mit der Position der beiden Gestirne (Mond und Stern) zueinander anfertigen. Nach einer Stunde Wartezeit merken wir, dass der Mond sich gegenüber dem Orientierungsstern um eine Strecke verschoben hat, die etwa seinem scheinbaren Durchmesser am Himmel entspricht. Diese Verschiebung beweist uns die Eigenbewegung des Mondes. Finden wir uns am folgenden Abend zur gleichen Uhrzeit wieder ein: Wir werden problemlos feststellen können, dass der Mond sich um eine beachtliche Strecke nach Osten verschoben hat, um genau 12,5°, das entspricht dem 25fachen seines scheinbaren Durchmessers am Himmel, da der Winkeldurchmesser unseres Satelliten rund 0,5° beträgt.

... vor den Tierkreissternbildern

Auf diese Art verschiebt sich der Mond in einer Lunation von rund 29 Tagen um 12,5° x 29 = 362° von Westen nach Osten, was wir auf 360° abrunden. In 29 Tagen scheint der Mond also eine komplette Runde auf dem Himmelsgewölbe durch die Tierkreissternbilder hindurch zu beschreiben. Eine Lunation, das durchschnittliche Intervall zwischen zwei aufeinander folgenden Neumonden, dauert exakt 29 Tage, 12 Stunden und 44 Minuten. Von allen Gestirnen scheint sich der Mond am schnellsten vor den Tierkreissternbildern zu bewegen. Auch dies ist eine Täuschung. In Wirklichkeit bewegt sich der Mond mit 1 km/s auf seiner Umlaufbahn um die Erde, die uns als Fixpunkt dient. (Er beschreibt um sie eine Umlaufbahn von rund 2,5 Millionen Kilometern!) Zudem nimmt die Erde den Mond mit einer durchschnittlichen Geschwindigkeit von 29,5 km/s mit sich um die Sonne. Die relativ hohe scheinbare Geschwindigkeit des Mondes ist einfach durch seine Nähe bedingt sowie vor allem durch die Tatsache, dass er sich um die Erde dreht, sie also gewissermaßen der Dreh- und Angelpunkt ist.

Der Mond schaukelt

Durch die „Libration" kann man einen kleinen Streifen der verborgenen Mondseite entdecken. Der Effekt entsteht i. W. durch das Schwanken des Mondes über die Breitengrade aufgrund der Neigung seiner Rotationsachse („Nicken des Mondes") sowie durch die Schwingung in Länge („Kopfschütteln"), da die Umlaufgeschwindigkeit des Mondes variiert, während seine Rotationsgeschwindigkeit gleich bleibt.

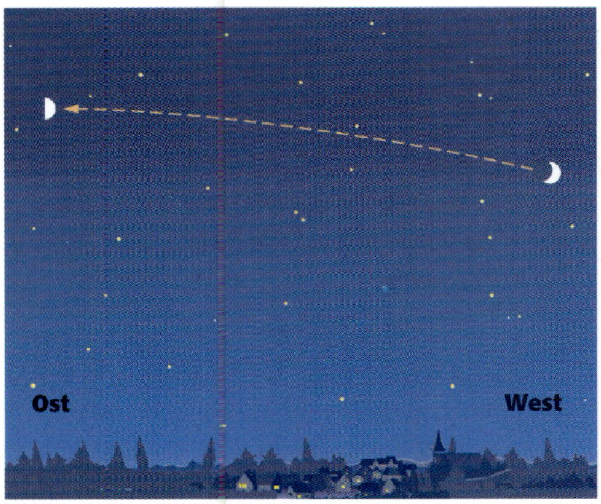

Die Eigenbewegung des Mondes über 24 Stunden hinweg spiegelt sich in einer Verschiebung auf dem Himmelsgewölbe von Westen nach Osten wider, die etwa dem 25fachen Monddurchmesser entspricht.

Die West-Ost-Bewegung des Mondes in einer Stunde entspricht etwa seinem Durchmesser. Diese Eigenbewegung lässt den Mond in 29 Tagen einen großen Kreis am Himmel beschreiben.

Die Mondphasen

Aristoteles meinte: „Wenn der Mond Phasen hat, dann darum, weil es in seiner Natur liegt, Phasen zu haben". Glücklicherweise blieben seine Zeitgenossen nicht auf diesem Standpunkt stehen. Indem sie die Mondphasen beobachteten, schlossen sie, dass sich der Mond um die Erde dreht und dass er aufgrund seiner Sichelform eine Kugel sein muss.

Was sind die Mondphasen?

Es ist nicht so einfach, die Mondphasen zu erklären. Dabei handelt es sich lediglich um eine Frage der Perspektive, aus der man eine dunkle Kugel aus großer Entfernung sieht, die die Sonne mal von vorne, mal mehr oder weniger schräg oder von hinten beleuchtet. Diese Perspektive entsteht durch drei Beteiligte: Sonne, Mond und Erde. Wenn sich der Mond zwischen Sonne und Erde hindurchschiebt, ist er für uns nicht zu sehen (Neumond); wenn er einen rechten Winkel mit der Sonne und der Erde bildet, sehen wir ihn als Halbmond; wenn er schließlich von vorne beleuchtet wird – die Erde befindet sich dann zwischen ihm und der Sonne – sehen wir ihn ganz (Vollmond). Die verschiedenen anderen Phasen stellen Zwischenpositionen dar.

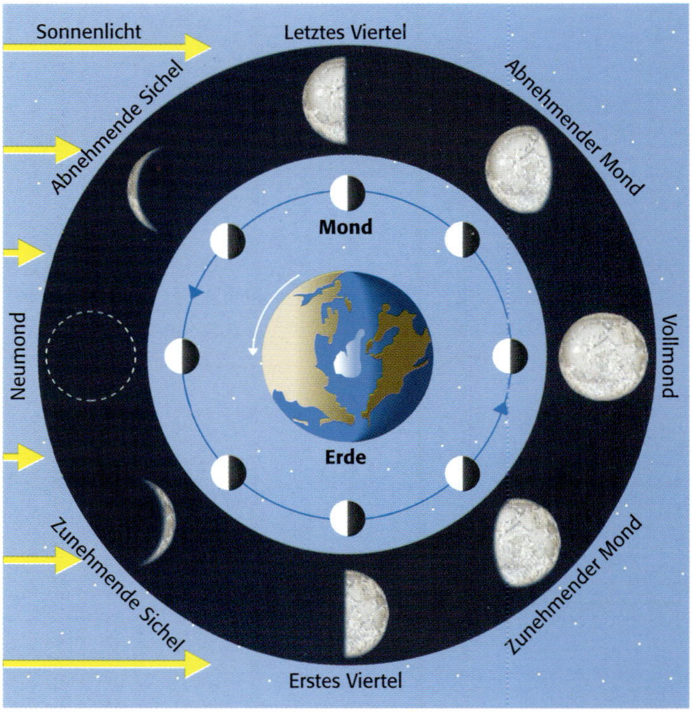

Je nach der Position des Mondes in Bezug auf Erde und Sonne überschneiden sich seine durch die Sonne beleuchtete Seite und die, die wir von der Erde sehen, mehr oder weniger.

Darstellung der Mondphasen

In Handbüchern finden Sie ein klassisches Schema zur Erklärung der Mondphasen: Die Sonne wird in großer Entfernung links dargestellt, ihr Licht wird durch parallele Pfeile symbolisiert, die eine Erdkugel in der Mitte und eine Reihe von Monden an unterschiedlichen Punkten einer kreisförmigen Umlaufbahn um sie herum beleuchten. Alle hellen Halbkugeln zeigen zur Sonne.

Der Mond kurz nach dem Ersten Viertel; umgekehrtes Bild durch ein astronomisches Fernrohr. Die auffälligsten Mondstrukturen und die größten Krater kann man mit dem Fernglas beobachten.

Dasselbe Schema stellt auf einem zweiten konzentrischen Kreis weiter außen eine Reihe von Monden dar, wie man sie von der Erde aus sieht, wenn sich unser Satellit in der Position befindet, die daneben auf dem inneren Kreis gezeigt wird. Diese beschriebene konventionelle Darstellungsweise setzt voraus, dass der Leser in der Lage ist, in einem dreidimensionalen Raum zu denken, während er ein zweidimensionales Schema betrachtet. Dies ist nicht immer einfach.

Erstes oder Letztes Viertel?

Wie weiß man aber, ob die Mondsichel am nächsten Tag breiter oder schmaler wird? Erinnern wir uns daran, dass der Mond vom Ersten Viertel bis zum Vollmond zunimmt und dass er dann, diesmal jedoch auf der gegenüber liegenden Seite, wieder schmaler wird, die Station Letztes Viertel durchläuft und schließlich weiter abnimmt, bis er bei Neumond unsichtbar geworden ist. Wie soll man sich das merken? Fahren Sie mit den Augen die Konturen der Mondsichel nach und verbinden Sie die beiden Hörner mit einem senkrechten Strich. Entsteht dabei ein kleines „a", ist der Mond abnehmend. Erkennen Sie hingegen ein spiegelverkehrtes „a", so ist er zunehmend. Auf der Südhalbkugel der Erde ist das Phänomen genau umgekehrt.

Der Mond kurz vor dem Letzten Viertel. Wie beim Ersten Viertel sehen wir auch hier beim Blick durch ein Teleskop ein umgekehrtes Bild gegenüber dem Sehen mit bloßem Auge oder durch ein Fernglas.

Wenn Sie den Mond bei uns vor Mitternacht im Westen sehen, bildet er immer ein mehr oder weniger breites spiegelverkehrtes „a“: Wir befinden uns zwischen Neumond und Vollmond und unser Trabant ist oft schon am Nachmittagshimmel erkennbar. Das Letzte Viertel hingegen zeigt sich stets morgens als „a“ im östlichen Teil des Himmels.

Das aschgraue Licht, der Reflex eines Reflexes

Das aschgraue Mondlicht ist der blasse gräuliche Schein, den man kurz vor oder nach Neumond zwischen den Spitzen der dünnen Mondsichel wahrnimmt und der die Mondscheibe zu vervollständigen scheint. Drei oder vier Tage nach Neumond ist das aschgraue Licht am schönsten. Bei Halbmond ist es fast verschwunden. Wie ist dieses Phänomen zu erklären? So wie der Mond die Erde erhellt, erhellt diese den Mond und zeigt ihm Phasen, wobei die vom Mond aus sichtbaren Phasen der Erde denen des Mondes, wie wir sie auf der Erde sehen, genau entgegengesetzt sind. Einige Tage vor oder nach Neumond wäre also für einen Mondbewohner fast „Vollerde“. Das auf unseren Satelliten reflektierte Licht der Erde ist dann stark genug, dass wir den Teil der Mondscheibe, der von der Sonne nicht erhellt wird, vage erkennen können: Dies ist das aschgraue Licht oder Erdlicht.
Dieses Leuchten kommt indirekt von der Sonne: Es wurde zunächst von der Erde und dann vom Mond reflektiert. Es ist der Reflex eines Reflexes ...
Das Erdlicht wird Ihnen sehr viel heller erscheinen, wenn Sie sich so postieren, dass der blendend helle Teil der Mondsichel verdeckt ist. Nutzen Sie beispielsweise die Kante einer Mauer oder einen Dachrand als Abschirmung.
Eine interessante optische Täuschung lässt die Mondsichel im Verhältnis zum dunklen Rest der Scheibe mit dem aschgrauen Licht größer erscheinen. Die Engländer nennen diese Erscheinung „den alten Mond in den

Hier ist die Abfolge der Mondphasen von Neumond bis Vollmond dargestellt, eine halbe Lunation also. Am Abend im Westen zu sehen ist die junge Mondsichel, im Süden das Erste Viertel, im Osten der Vollmond.

Auf diesem Foto ist das aschgraue Mondlicht gut zu sehen. Es wurde mit einem Teleskop mit 260 mm Durchmesser und einer Belichtungszeit von 20 Sekunden aufgenommen.

Armen des neuen". Es handelt sich um einen einfachen Überstrahlungseffekt, der durch die Blendung des sehr hellen Lichts der Mondsichel zustande kommt.

Jagd auf den ganz „jungen" Mond

Man kann die Mondsichel theoretisch beobachten, wenn der Mond mehr als 7° von der Sonne entfernt ist. Die Sichtbarkeit des ganz „jungen" Mondes hängt jedoch nicht nur von seinem „Alter", den örtlichen meteorologischen Bedingungen und vom Standpunkt des Beobachters ab, sondern vor allem vom Zeitpunkt der Beobachtung. Sie wissen, dass sich Sonne und Mond im Tierkreisgürtel bewegen. In dem Moment, in dem die Sonne untergeht, bildet dieser Bereich mit dem Horizont einen Winkel, der sich je nach Jahreszeit ändert. In Deutschland beträgt dieser Winkel Ende März 66°, Ende September hingegen nur noch 17°. Die Sichtbarkeit des Mondes ist also im Frühling viel besser als im Herbst, da er dann höher über dem Horizont steht. Am ehesten können Sie den ganz jungen Mond also im Frühling am westlichen Horizont entdecken. Im Herbst hingegen können Sie, wenn Sie früh aufstehen, einen letzten Blick auf die dünne Sichel des „sterbenden" Mondes werfen. Dies ist der ganz „alte" Mond.

Die schmale Mondsichel, aufgenommen von der Terrasse des Observatoriums auf dem Pic du Midi, nur 25 Stunden vor Neumond. Man kann die komplette Mondscheibe im aschgrauen Licht erahnen.

Die Größe des Mondes

Die Beobachtung des Mondes ist ein umso spannenderes Schauspiel, als er sich ständig verändert. Je nach Umständen und Uhrzeit erscheint uns der Mond außerdem oftmals von einer Beobachtung zur nächsten unterschiedlich groß. Ganz gewaltig täuschen wir uns auch über seine tatsächliche Größe ...

Wie dick ist der Mond?

Wenn Sie meinen, der Mond sei etwa so groß wie ein Dessertteller aus ein oder zwei Metern Abstand, dann ist dies ein kolossaler Irrtum. Der Mond nimmt, wie auch die Sonne, einen Winkel von 0,5° ein, er erscheint daher mit dem Durchmesser einer 5 mm großen Erbse, die sich 57 cm (eine Armlänge) vor Ihrem Auge befindet. Größer nicht. Statt eines Tellers ist er nur so groß wie eine Erbse auf einem Teller! Nehmen Sie zum Testen einen Stift oder irgend einen Gegenstand mit einer Breite von nur 5 mm in die Hand und halten Sie ihn mit gestrecktem Arm vor den Mond: Er verdeckt ihn komplett.

Kleiner als wir meinen

Sonne und Mond sind am Himmel sehr viel kleiner als wir meinen. Ihre scheinbare Größe entsteht teilweise durch die Ausstrahlung von Licht, das die Gestirne zu umgeben scheint und den Eindruck des Bilds vergrößert. Unbewusst stellen wir auch Vergleiche zwischen den Häusern am Horizont, den Türmen, bewaldeten Hügeln und dem Mond selbst an, der uns, weit über ihnen, ähnliche Ausmaße am Himmel zu haben scheint, also ziemlich groß wirkt. Zudem haben wir aber auch den Eindruck, den Vollmond nicht immer in gleicher Größe zu sehen: Die Beschaffenheit der Atmosphäre, die scheinbare Tiefe des Himmels, die Entfernung eines mehr oder weniger durch Nebel verwischten Horizonts wirken sich ebenfalls auf unsere Einschätzung aus.

Am Horizont größer als im Zenit

Sie alle haben schon erlebt, wie der riesige rötliche Vollmond über einem Horizont emporstieg. In dem Moment erscheint er sehr viel größer, als wenn er sich im Zenit befindet. Es handelt sich dabei aber nur um eine Täuschung, denn wenn man seinen Durchmesser durch ein Teleskop mit Messokular misst, stellt man fest, dass er in Wirklichkeit nicht größer ist.

Die Ursache der Täuschung

Bei der „Vergrößerung" wirken wohl zwei Ursachen zusammen. Zum einen steht der Mond bei seinem Aufgang in der Landschaft in einem Bezug zu anderen Objekten: Weit entfernte Hintergründe aus Häusern und Bäumen, die zwischen uns und dem Mond zu sehen sind, scheinen ihn noch weiter zu entfernen. Im Allgemeinen halten wir ihn für wesentlich größer als diese dunklen Silhouetten, vor allem deshalb, weil er hell ist und die Vordergrundobjekte nicht. Zum anderen erscheint uns das Firmament als abgeflachtes, konkaves Gewölbe, wie das Gewölbe eines Bäckerofens. Für uns ist die Erde immer platt, und die Wolkenformationen über unseren Köpfen entfer-

Direkt nach seinem Aufgang (oder vor seinem Untergang) erscheint der Mond im Allgemeinen merklich abgeplattet. Dasselbe gilt für die Sonne in Horizontnähe. Für dieses Phänomen ist die Refraktion der Erdatmosphäre verantwortlich.

nen sich und berühren irgendwann den Horizont. Wir wissen aber, dass sich hinter den Wolken die Sterne befinden und wir meinen, dass Wolken- und Sterngewölbe parallel verlaufen. Sie erscheinen uns also beide abgeflacht, so dass uns der Horizont fünf- bis sechsmal weiter entfernt erscheint als der Zenit. Von zwei Gegenständen mit gleichem scheinbaren Durchmesser erscheint uns aber derjenige, der weiter entfernt ist (hier: der Mond am Horizont) auch als größer. Dieser Grund ist für den Eindruck der Vergrößerung ausschlaggebend. Auch die Sonne erscheint uns unter denselben Bedingungen größer, und selbst die Sternbilder scheinen mehr Platz einzunehmen, wenn sie sich dem Boden nähern. Davon kann sich jeder überzeugen, wenn er den Großen Wagen zu verschiedenen Zeiten beobachtet.

Die wahren Abmessungen des Mondes

Wenn man Ihnen sagt, dass der Monddurchmesser 3480 km beträgt, bringt Sie das nicht weiter. Tatsächlich ist seine komplette Oberfläche etwas kleiner als die von Nord- und Südamerika zusammen. Was die Mondhalbkugel betrifft, die zu uns zeigt, die sichtbare Seite also, so entspricht die Fläche ziemlich genau der Fläche Südamerikas.
Wenn Sie versuchen möchten, den scheinbaren Durchmesser des Mondes zu messen, dann nehmen Sie ein 1-Euro-Stück (Durchmesser etwa 23 mm) und platzieren Sie es 2,54 m vor Ihrem Auge: Dies entspricht dem scheinbaren Durchmesser des Mondes mit bloßem Auge betrachtet, also 0,5° (genau 31'). Das ist relativ wenig.

Die Beobachtung der Sonne

Von der Erde aus bietet die Sonne den Anblick einer blendend hellen Scheibe mit einem scheinbaren Durchmesser von einem halben Grad. Sie ist der einzige Stern, dessen Oberfläche wir beobachten können – mit zahlreichen Sicherheitsvorkehrungen.

Vorsicht!

Auf der Sonne ereignen sich ständig erstaunliche und spektakuläre Phänomene, die die Aufmerksamkeit der Hobby-Astronomen auf sich ziehen (Flecken, Sonnenfackeln, Protuberanzen). Aber Vorsicht! Ihre Beobachtung mit dem bloßen Auge, durch ein Fernglas oder ein Spektiv, verlangt besondere Sicherheitsvorkehrungen, ohne die man sich sofort die Netzhaut verbrennt.

Okularfilter, Objektivfilter oder Mylarfolie

Mit einem optischen Instrument muss man sehr große Sicherheitsvorkehrungen treffen. Die sicherste Methode der Sonnenbeobachtung ist die auf S. 89 beschriebene Methode durch Projektion auf einen Schirm. Dabei muss bei Ferngläsern unbedingt das zweite Objektiv abgedeckt werden, ebenso bei einem Teleskop das Sucherfernrohr. Zum Lieferumfang kleiner Fernrohre gehört oftmals auch ein Sonnenfilter zum Aufschrauben auf das Okular. Da solche Filter sich sehr stark aufheizen, können sie platzen und sind daher nicht absolut sicher. Wenn Sie ein astronomisches Fernrohr besitzen, ist es immer noch am besten, für ein paar Dutzend Euro ein massives Glasfilter zu kaufen, das nicht auf dem Okular, sondern auf dem Objektiv befestigt wird und somit jeglichen Unfall vermeidet. Ferngläser sind leider mit keiner Vorrichtung zur Sonnenbeobachtung ausgerüstet – vielleicht ist das im Allgemeinen auch besser so. Ein Filter aus dem Glas, das zum Augenschutz beim Schweißen verwendet wird, empfehlen wir Ihnen ebensowenig wie Gläser, die Sie über einer Kerzenflamme mehr oder weniger geschwärzt haben: Dies ist eindeutig unzureichend. Hingegen werden heute Mylarfolien für ein paar Euro in verschiedenen Größen verkauft, die bei exakter Anpassung und stabiler Befestigung an beiden Objektiven des Fernglases oder am Objektiv des Spektivs oder Fernrohrs eine gefahrlose Beobachtung ermöglichen.

Steckbrief Sonne

- Entfernung von der Erde: 149 600 000 km
- Durchmesser: 1 393 000 km, das 109fache des Erddurchmessers
- Volumen: das 1 295 000fache des Erdvolumens
- Masse: das 333 000fache der Erdmasse
- Oberflächentemperatur: 5 800 °C
- Alter: 4,5 Milliarden Jahre

Ein wenig Geschichte

Etwa 300 Jahre vor unserer Zeitrechnung beobachtete der Grieche Theophrast mit bloßem Auge einige Flecken auf der Sonne. Die alten chinesischen, japanischen und koreanischen Chroniken erwähnen diese Flecken ebenfalls. Der chinesische Astronom Ma-Twan-Liu fand 45 unabhängige Beobachtungen von Flecken zwischen den Jahren

Durch die atmosphärische Refraktion erscheint die Sonne, genau wie der Mond, in Horizontnähe leicht oval.

301 und 1205. Um diese schwarzen Punkte irgendwie beschreiben zu können, verglichen die Beobachter sie mit einem Ei, einer Dattel oder einer Pflaume, wobei sie vielleicht ebenso auf ihre Form wie auf ihren scheinbaren Durchmesser anspielten.
Schwärzten sich die Beobachter Gläser über einer Flamme? Oder betrachteten sie das Tagesgestirn bei seinem Aufgang durch den Nebel? Dies ist wahrscheinlicher.
Im Jahr 1609, vor der Erfindung des astronomischen Fernrohrs, soll Fabricius die Sonnenflecken in einem dunklen Zimmer untersucht haben, indem er die Sonne durch ein winziges rundes Loch in einem Fensterladen auf eine kleine Leinwand projizierte. Er entdeckte so die Rotation der Sonne. Galilei sah im Juli 1610 Flecken und entwickelte dann die Projektionsmethode mit einem Fernrohr, mit der man die Sonne gefahrlos beobachten kann. Diese Technik wird noch heute verwendet, sowohl zur Beobachtung als auch für Fotos.
Man verschiebt die Scharfeinstellung eines Fernrohrs nach hinten und projiziert das Bild der Sonne hinter das Okular auf einen großen Karton, der als Leinwand dient, und im rechten Winkel zur optischen Achse des Beobachtungsinstruments aufgestellt ist, so wie bei einem Diaprojektor (s. S. 89, Aufbau mit einem Fernglas). Je weiter man die Leinwand vom Okular entfernt, desto größer wird das Bild, aber desto weniger Helligkeit liefert es auch.
Mit dieser Vorgehensweise beobachtet man kleine dunkle Punkte, die sich auf der projizierten Scheibe finden, ein Scheibeninneres, das etwas heller ist als der Kreisrand, und ein Bild, das sich langsam verschiebt und aufgrund der Tagesbewegung der Sonne nach einigen Minuten von der Bildfläche verschwindet.

Die Rotation der Sonne verfolgen

Wenn Sie die Sonne in Projektion beobachten, notieren Sie sich den Zeitpunkt der Beobachtung und kreisen Sie die Sonnenflecken auf dem Projektionspapier ein. Nehmen Sie Ihre Beobachtung zwei Tage später zur selben Uhrzeit wieder auf, und fahren Sie im Zwei-Tages-Rhythmus damit fort. Sie werden sehen, dass die Flecken sich auf der Leinwand verschieben, dass sie verschwinden und wieder auftauchen, da sich die Sonne in 29 Tagen um sich selbst dreht. Die Flecken können aber auch ganz verschwinden und neue hinzukommen.

Sonnenbeobachtung mit bloßem Auge

Die ungeschützte Beobachtung der Sonne ist nur in zwei Fällen möglich. Beim Auf- und Untergang des Gestirns wird ein großer Teil des Lichts beim Durchqueren der unteren Schichten unserer Atmosphäre gestreut und absorbiert. Nur wenige Minuten lang können Sie die Sonne dann beobachten. Um die Scheibe besser sehen und länger fixieren zu können, setzen Sie eine Sonnenbrille auf, aber denken Sie in jedem Fall daran, dass dieser Schutz beim weiteren Aufstieg unzureichend ist.
Auch durch eine ziemlich dicke Nebeldecke kann man die Sonne einige Stunden nach Sonnenaufgang, seltener auch tagsüber, beobachten. Der Nebel dämpft die Helligkeit der Scheibe sehr. Manchmal erkennt man dann Ansammlungen großer Flecken, und man kann sogar ein Fernglas oder ein Spektiv ohne Risiko benutzen. Dies gilt jedoch nur unter diesen Ausnahmebedingungen und ist mit großer Vorsicht durchzuführen.

Die Augen schützen

Heute, und vor allem seit der Sonnenfinsternis im August 1999, kann man sich für ein paar Euro Sonnenschutzbrillen für die Beobachtung der Sonne beschaffen. Diese Brillen lassen nur einen ganz kleinen Teil des Lichts durch und filtern infrarotes sowie ultraviolettes Licht heraus. Fragen Sie Ihren Optiker, ob er astronomische Geräte verkauft. Bei ihm können Sie auch die Mylarfolien kaufen, die Sie an Ihr Fernglas anpassen.
Beobachten Sie die Sonne auch mit dieser Ausrüstung eher morgens oder am Spätnachmittag (17 Uhr im Sommer). Es kommt nämlich mitunter vor, dass man seine Spezialbrille unbewusst abnimmt und weiter in die Sonne blickt ...

Was sieht man mit bloßem Auge?

Um ehrlich zu sein, nicht viel. Sie werden feststellen, dass die Scheibe exakt kreisförmig ist, wenn das Gestirn hoch genug steht. In Horizontnähe wirkt es verformt, plattgedrückt wie ein Rugby-Ei. Dieses Phänomen entsteht durch die ungleiche Refraktion am oberen Rand der sichtbaren Scheibe im Vergleich zum unteren Rand.
Während die Sonnenscheibe sich dem Westhorizont nähert, wird ihr Licht wesentlich weicher, geht ins Grüngelbe über, dann ins Orangegelbe, verwandelt sich in Knallrot und schließlich in Karmesinrot. Die Farbenpracht wunderbarer Sonnenuntergänge ist ein rein atmosphärisches Phänomen.

Im Zentrum heißer als am Rand

Bereits die einfache Feststellung, dass der Sonnenrand im Vergleich zum Zentrum dunkler erscheint, ist interessant. Sie beweist, dass die Sonne von einer Atmosphäre umgeben ist. Die Strahlen, die von den Rändern der Scheibe bei uns ankommen, legen einen längeren Weg durch diese Hülle zurück, so dass uns vom Rand nur Licht aus

Wenn sich die Sonne in Horizontnähe befindet, sind die größten Flecken mit bloßem Auge manchmal gerade zu erkennen. Beobachten Sie nur, wenn die Sonne rot ist.

höheren und damit kühleren Schichten der Sonne erreicht. Dieser Aspekt ist auf Sonnenfotos deutlich sichtbar, vorausgesetzt, sie sind richtig belichtet und kontrastreich.

Mit bloßem Auge sichtbare Sonnenflecken

Die größten Flecken, oder meist Fleckengruppen, sind manchmal gerade noch mit bloßem Auge als winzige schwarze Punkte auf einer blendend hellen Scheibe zu sehen. Dabei müssen sie mindestens 36 000 km groß sein! Sie haben dann einen scheinbaren Durchmesser von gut 50".
Die Chancen, mit bloßem Auge Flecken zu sehen, sind bei maximaler Sonnenaktivität häufiger. Diese war kürzlich gegeben (2000–2001), sie wird sich 2012, 2023 usw. wiederholen, also mit einer Periode von 11 Jahren, die der Dauer des Sonnenzyklus entspricht.

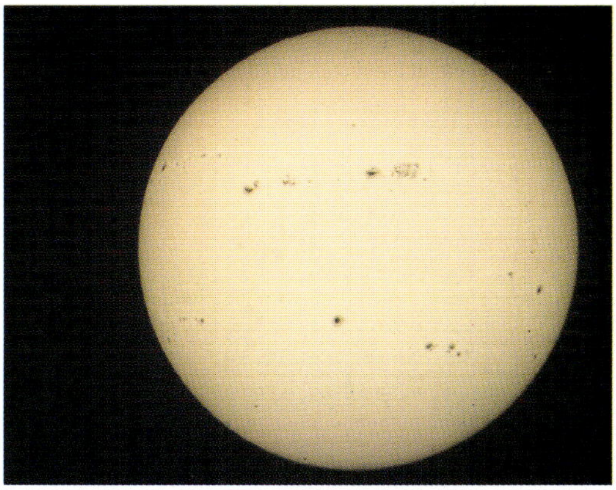

Wenn die Sonne besonders aktiv ist, sind zahlreiche Gruppen von Flecken zu beobachten.

Unsere Sonne

Die Sonne ist „unser Stern", eine außerordentlich hell leuchtende Kugel aus heißem Gas, das Zentrum unseres Planetensystems. Sie erscheint uns absolut einzigartig. Vergleicht man sie jedoch mit anderen Sternen, ist sie nur von durchschnittlicher Größe, Masse, Helligkeit und mittlerem Alter – aber sie ist ein stabiles Gestirn.

Die Sonne stark vergrößert

Um das Aussehen der Sonnenoberfläche genauer zu untersuchen, tun wir so, als beobachteten wir sie durch ein Fernrohr mit 50facher Vergrößerung. Wir sehen nun die ganze Scheibe im Sehfeld des Instruments. Natürlich haben wir vor das Objektiv ein Glasfilter gesetzt, um ohne Gefahr beobachten zu können. Auf dieser sehr hellen Scheibe entdecken wir hie und da relativ dunkle Bereiche: Dies sind die bereits erwähnten Sonnenflecken.

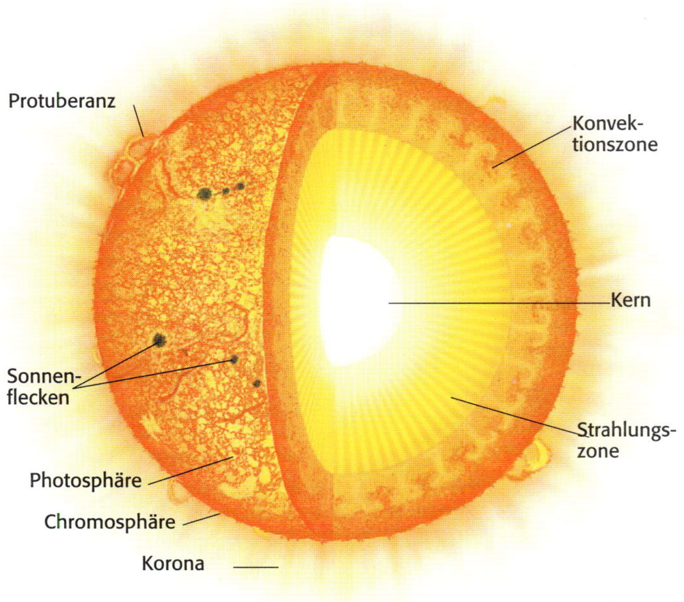

Ausgehend vom Kern der Sonne, wo die Fusion von Wasserstoff zu Helium bei über zehn Millionen Grad abläuft, wird die Sonnenenergie in die Strahlungszone, dann in die Konvektionszone abgeleitet, um schließlich (mit 5800 °C) an die Oberfläche zu gelangen. Nach dieser Reise, die eine Million Jahre dauert, erreicht uns das Licht in acht Minuten und 18 Sekunden.

Mit einer sehr starken Vergrößerung würden wir feststellen, dass die Sonnenoberfläche mit flockigen „Wolken" übersät ist, die an Schäfchenwolken erinnern. Die Gesamtheit dieser Wolken bildet die Photosphäre, und die Flecken sind Bereiche, in denen die Wolken auseinander geschoben zu sein scheinen. Rund um den dunklen Kern eines Flecks (Umbra) nimmt man oft einen grauen faserigen Bereich (Penumbra) wahr. Die kleinsten Sonnenflecken existieren zwischen 36 und 48 Stunden, die größten bis zu einigen Wochen. In Ausnahmefällen können Fleckengruppen bis zu zwei Monate bestehen. Nahe am Scheibenrand sieht man „Fackeln", längliche, hellere Bereiche.

Die Sonne dreht sich um sich selbst

Die Flecken scheinen auf der Sonnenscheibe zu wandern. Selbst mit bloßem Auge können Sie durch eine Schutzbrille für Sonnenbeobachtungen erkennen, dass ein gro-

ßer Fleck, der in der Mitte der Scheibe liegt, nach etwa einer Woche am rechten Rand verschwindet. Existiert dieser Fleck lange genug, werden Sie ihn nach zwei Wochen Wartezeit, in denen er „hinter" der Sonne hindurchgewandert ist, am linken Rand wiederfinden.
Die Sonne ist keine feste Kugel, sie dreht sich daher nicht „am Stück": Ihre Rotation variiert von 25 Tagen am Äquator bis zu 32 Tagen in Polnähe.

Ein Zyklus von elf Jahren

Unser Stern zeigt Zeiten relativer Ruhe und andere großer Aktivität. Durchschnittlich alle elf Jahre werden die Flecken seltener und kleiner, die Eruptionen kommen zur Ruhe: Die Sonne zeigt ein Minimum an Aktivität. Dann findet man nach und nach immer mehr Flecken auf der Oberfläche. Rund viereinhalb Jahre nach dem Minimum scheint die Sonne zu kochen, die Flecken nähern sich langsam dem Sonnenäquator, und die Sonnenaktivität erreicht ein Maximum. Schließlich flaut die Aktivität über sechseinhalb Jahre wieder ab, um einen neuen Zyklus einzuleiten. Das letzte Maximum fand 2001 statt, das nächste ist für 2012 zu erwarten, mit einem Minimum in den Jahren 2006 und 2007. Es besteht ein merklicher Zusammenhang zwischen der Sonnenaktivität, der veränderlichen Missweisung einer magnetischen Kompassnadel und dem Auftreten von Polarlichtern.

Die Sonnenstrahlung

Unser Stern ist ein Superatomreaktor, der ununterbrochen in Betrieb ist. Er ist ein sehr starker Energieabstrahler und selbst in 149 600 000 km Entfernung „badet" die Erde in seiner Wärme und Helligkeit, obwohl lediglich zwei Milliardstel seiner Energie bei ihr ankommen.

WARUM IST DER HIMMEL BLAU?

Dies ist zweifellos die meistgestellte Frage zu den Erscheinungen unserer Atmosphäre Was die rote Sonne bei Sonnenuntergang angeht, so haben wir gesehen, dass die Atmosphäre die Sonnenstrahlen je nach Sonnenstand mehr oder weniger absorbiert und streut. Jeder Sonnenstrahl ist aber in alle Farben des Regenbogens zerlegbar: von Violett oder Blau bis zu Rot. In diesen Strahlen haben die Farben Violett und Blau die kürzeste Wellenlänge und werden am stärksten von der Atmosphäre zerstreut. Diese färbt sich dabei blau und violett (kaum wahrnehmbar). Daher der blaue Himmel.

Weshalb ist die untergehende Sonne rot?

Die Erklärung ist ziemlich einfach. Um die Mittagszeit „fallen" die Sonnenstrahlen fast senkrecht auf die Erdoberfläche, ganz besonders im Sommer. Sie durchqueren also nur eine relativ dünne Schicht der Atmosphäre. Bei Sonnenauf- oder -untergang hingegen durchdringen die Strahlen die Atmosphäre sehr schräg und durchlaufen dabei eine wesentlich dickere Luftschicht. Die Physiker sagen, dass das kurzwellige Licht (im Farbspektrum blau und violett) von der Atmosphäre stärker gestreut wird, und dass daher lediglich das langwellige Licht (das rote und orangefarbene Licht) bei uns ankommt. So erklären sich also die wunderbaren Rotfärbungen des Sonnenuntergangs.

Die Sonne geht niemals hintereinander am selben Punkt auf

Zur Frühlings-Tagundnachtgleiche (am 20. oder 21. März) auf der Nordhalbkugel geht die Sonne genau im Osten auf, und sie wird am exakt gegenüber liegenden Punkt im Westen untergehen.
Am nächsten Tag werden Sie die Sonne in zwei leicht nach Norden verschobenen

Punkten des Horizonts auf- und untergehen sehen. Eine Woche später werden sich diese Punkte dem Norden weiter genähert haben, und so geht es weiter bis zum 20. oder 21. Juni, an dem die Sonne weit im Nordosten auf- und im Nordwesten untergeht. Sie beschreibt dann einen großen Bogen über unserem örtlichen Himmel, wobei sie beispielsweise 16 Stunden und 50 Minuten am Himmel über Berlin verbleibt und 18 Stunden und 45 Minuten am Himmel über Sankt Petersburg. Zu dieser Jahreszeit scheint die Sonne einige Tage lang fast an denselben Punkten des Horizonts auf- und unterzugehen, dann nähern sich die Sonnenauf- und -untergänge wieder langsam dem Süden. Am 22. oder 23. September geht die Sonne an denselben Punkten auf und unter wie am 20. März: Es ist der Tag der Herbst-Tagundnachtgleiche. Anschließend geht sie bis zum 21. oder 22. Dezember an Punkten auf und unter, die mehr und mehr im Süden liegen. Dann scheint sie wiederum einige Tage lang an denselben Punkten auf- und unterzugehen. Schließlich nähern sich diese Punkte wieder mehr und mehr dem Norden, um wieder dort zu landen, wo sie sich am 20. März befanden. In Berlin dauert der kürzeste Tag 7 Stunden und 39 Minuten, in Sankt Petersburg ist er nur 5 Stunden und 34 Minuten lang. So pendeln die Punkte des Erscheinens und Verschwindens der Sonne um Ost und West, sie verschieben sich sechs Monate lang von Süden nach Norden und die nächsten sechs Monate von Norden nach Süden. Diese tägliche Verschiebung erreicht ihren Maximalwert um den 20. März und um den 22. September, am 21. Juni und 21. Dezember ist sie minimal, weshalb man diese Tage als Sommer- und Wintersonnenwende bezeichnet.

Maximale Höhe im Meridian

Beobachten wir nun die maximale Höhe der Sonne beim Überqueren des Meridians, wenn sie also im Süden steht. Wir werden feststellen, dass diese Höhe vom 20. März bis zum 21. Juni Schritt für Schritt zunimmt; vom 21. Juni bis 21. Dezember nimmt sie wieder ab, wobei sie etwa am

Der Sonnenaufgang findet je nach Jahreszeit an verschiedenen Punkten des Horizonts statt: bei der Sommersonnenwende im Nordosten, bei den Tagundnachtgleichen im Osten, bei der Wintersonnenwende im Südosten.

Wenn man das Glück hat, Polarlichter zu beobachten, was im Allgemeinen eher in polnahen Breiten geschieht, hat man den Eindruck, als würden farbige Stoffbahnen ausgebreitet.

22. September denselben Wert erreicht wie am 20. März. Vom 21. Dezember an nimmt die Höhe des Sonnenhöchststands erneut bis zum 21. Juni zu, und der Kreislauf beginnt von Neuem.
In Berlin schwankt diese Höhe beispielsweise zwischen 14° (am 21. Dezember) und 61° (am 21. Juni); in Flensburg liegen die Grenzwerte bei 12° und 58,5°, in München bei 18,5° und 65,5°. Zu allen Jahreszeiten steigt die Sonne umso höher, je tiefer die geografische Breite ist.

Die Sonne auf ihrer Bahn verfolgen

Versuchen Sie, eine gute halbe Stunde nach Sonnenuntergang, wenn sich nach und nach die ersten hellen Sterne am Himmel zeigen, einen Stern zu finden, der kurz nach der Sonne und etwa im selben Bereich des Horizonts untergeht. Beobachten Sie dann Abend für Abend den Zwischenraum, der diesen Stern vom Horizont (und somit von der Sonne) trennt: Sie werden feststellen, dass er geringer wird, bis schließlich der Stern in das Sonnenlicht getaucht und nicht mehr zu sehen ist. Bei Sonnenaufgang dreht sich dieses Phänomen um: Ein im Osten gefundener Stern entfernt sich mehr und mehr vom Horizont und damit von der Sonne. Es spielt sich also alles so ab, als bewege sich die Sonne vor dem Sternenhintergrund langsam von Westen nach Osten. Nach einem Jahr kommt sie bei demselben Stern wieder an, nachdem sie scheinbar eine Himmelsrunde gedreht hat.

Polarlichter

Diese Lichterscheinungen entstehen im Allgemeinen in großen Höhen. Sie zeigen sich als äußerst wechselhafte Lichtformationen, die den Himmel plötzlich entzünden. Die Polarlichter werden auf der Nordhalbkugel „Nordlichter“, auf der Südhalbkugel „Südlichter“ genannt. Sie entstehen beim Zusammenstoß von geladenen Teilchen aus dem Sonnenwind mit Atomen und Molekülen der Erdatmosphäre.
Bei heftigen Sonneneruptionen oder während einer Periode maximaler Sonnenaktivität sind sie umso schöner, je mehr die Erde in den Sonnen„wind“ eintaucht. Unter diesen Bedingungen kann es vorkommen, dass man sie auch in unseren Breiten beobachten kann.

Mondfinsternisse beobachten

Verfinsterungen von Mond und Sonne lösten früher wahre Paniken aus. Heute sind sie zu erklärbaren Himmelsschauspielen geworden, die jedoch noch immer einen tiefen Eindruck hinterlassen. Um sie wirklich genießen zu können, sollte man ein wenig die Hintergründe kennen.

Was geschieht bei einer Mondfinsternis?

Da der Durchmesser der Sonnenkugel 109-mal so groß ist wie der unseres Planeten, wirft die Erde einen langen Schattenkegel in den Raum hinaus, den Kernschatten. Der äußerste Punkt dieses Kernschattens liegt durchschnittlich 1 382 500 km von der Erde entfernt.

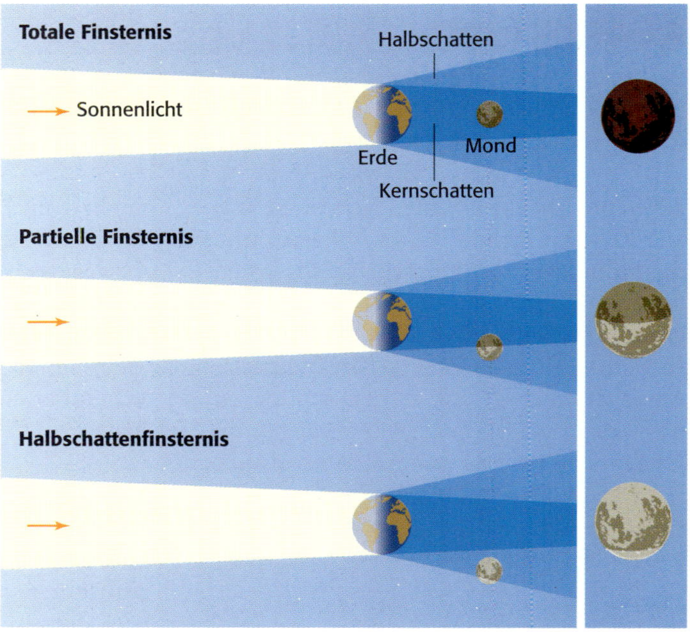

Je nach der Position des Mondes im Kernschatten der Erde handelt es sich um eine totale oder eine partielle Mondfinsternis. Unser Satellit kann auch durch den Kegel des Halbschattens ziehen.

Mondfinsternisse (wie auch Sonnenfinsternisse) entstehen, weil sich der Mond um die Erde dreht. Da der Mond durchschnittlich nur 384 400 km von der Erde entfernt ist, ist der Erdschatten weit länger als die Entfernung Erde – Mond. In dieser Entfernung hat der Kegel des Kernschattens einen Durchmesser von 8900 km. Der Mond, der nur 3480 km breit ist, kann also vollständig in den Kernschatten eintauchen. Man spricht dann von einer „totalen“ Mondfinsternis.

Der Kernschatten der Erde ist von einem breiten kegelförmigen Halbschatten umgeben. Wenn der Mond nur durch ihn hindurchzieht, spricht man von einer „Halbschattenfinsternis“.

Warum glimmt der Mond rot?

Wenn der Mond durch den Kernschatten der Erde zieht, befindet er sich in Opposition zur Sonne: Mond, Erde und Sonne liegen auf derselben Geraden, und dies kann nur bei Vollmond geschehen. Entsprechend kann eine Sonnenfinsternis nur bei Neumond stattfinden, die Reihenfolge ist dann: Erde, Mond, Sonne.

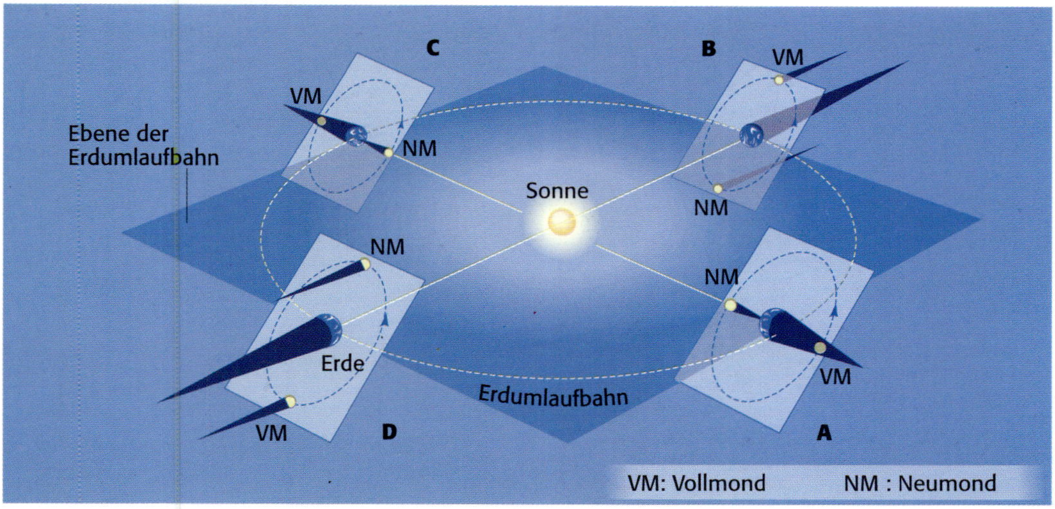

Bei Neumond findet in A und C eine Sonnenfinsternis statt, nicht jedoch in B und D. Bei Vollmond gibt es eine Mondfinsternis in A und C, nicht aber in B und D. Zu einer Finsternis kann es nur dann kommen, wenn die Schnittpunkte der Mondumlaufbahn mit der Ebene der Erdumlaufbahn auf der Geraden durch Sonne und Erde liegen.

Man stellt jedoch fest, dass die Scheibe unseres Satelliten selbst bei einer totalen Mondfinsternis nicht völlig verschwindet. Dies lässt sich dadurch erklären, dass die Erde von einer Atmosphäre umgeben ist, die die Sonnenstrahlen ablenkt: Am Horizont erreicht diese Refraktion 36'. Da jeder Strahl, der die Erdoberfläche streift, noch auf die Seite des Erdschattens gelangt, folgt daraus, dass die Richtung der Sonnenstrahlen, die den Schattenkegel begrenzen, um 2 x 36', also 1° 12' umgelenkt wird. Dadurch befindet sich die Spitze des völlig dunklen Kernschattens statt über eine Million Kilometer entfernt kaum 268 000 km weit weg, also im Zwischenraum zwischen Erde und Mond. Der Mond, der somit niemals den Kegel des eigentlichen Kernschattens durchwandert, bleibt im erhellten Schatten der Erde.

Die rötliche Färbung der verfinsterten Mondscheibe entsteht durch die zusätzliche, je nach Wellenlänge unterschiedliche Streuung der Sonnenstrahlen in den unteren Schichten unserer Atmosphäre.

Weshalb nicht jeden Monat?

Warum gibt es nicht bei jedem Vollmond eine Mondfinsternis, und bei jedem Neumond eine Sonnenfinsternis? Die Antwort ist einfach. Die Umlaufbahn des Mondes ist zur Erdbahnebene um 5° geneigt. Der Mond befindet sich daher mal oberhalb, mal unterhalb dieser Ebene, wobei seine Bahn diese in zwei Punkten schneidet. Da sich der Mond also auf einer geneigten Ebene bewegt, ist es relativ selten, dass sich die

Die ältesten Zeugnisse

Die ersten Beobachtungen von Sonnen- und Mondfinsternissen wurden im Nahen und Fernen Osten durchgeführt. Im dritten Jahrhundert vor Christus berichtet ein griechischer Autor, dass die ägyptischen Astronomen zu jener Zeit bereits 373 Sonnenfinsternisse und 832 Mondfinsternisse festgehalten hätten. Die alten Ägypter datierten ihre ältesten Beobachtungen bis ins dritte Jahrtausend v. Chr., es liegen aber keine historischen Dokumente vor, die dies sicher bestätigen könnten.

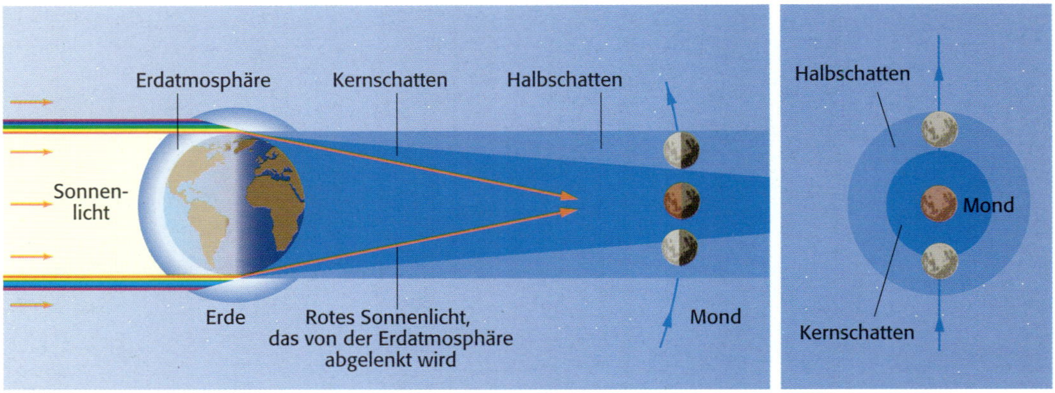

Bei einer Mondfinsternis tritt der Mond zunächst in den Halbschatten der Erde ein, dann in ihren Kernschatten, bevor er schließlich erneut durch den Halbschatten zieht. Selbst wenn der Mond total verfinstert ist, wird er dennoch von Strahlen roten Sonnenlichts beleuchtet, die beim Durchqueren der Erdatmosphäre in seine Richtung abgelenkt werden.

Geraden Sonne – Erde – Mond und Sonne – Mond – Erde ergeben.

Was ist die Saros-Periode?

Eine Periode von 18 Jahren und elf Tagen, die Saros-Periode, legt die Wiederkehr von Finsternissen grob fest. Sie umfasst 223 Lunationen, und während dieser Zeitspanne gibt es durchschnittlich 71 Finsternisse: 43 Sonnen- und 28 Mondfinsternisse.
Für die ganze Erde gibt es also mehr Sonnen- als Mondfinsternisse. Von einem bestimmten Punkt aus beobachtet man allerdings dreimal mehr Mondfinsternisse als Sonnenfinsternisse, da Mondfinsternisse gleichzeitig an allen Orten der Erdhalbkugel zu sehen sind, die dem Mond zugewandt sind.

Totale Mondfinsternisse

Termin	Eintritt in den Kernschatten	Mitte der Finsternis	Austritt aus dem Kernschatten	Sichtbarkeit in mittleren Breiten
4. Mai. 2004	19.48 Uhr	21.31 Uhr	23.14 Uhr	Sichtbar
28. Okt. 2004	2.14 Uhr	4.04 Uhr	5.55 Uhr	Sichtbar
3. März 2007	22.30 Uhr	0.21 Uhr	2.13 Uhr	Sichtbar
28. Aug. 2007	9.51 Uhr	11.33 Uhr	13.25 Uhr	Unsichtbar
21. Febr. 2008	2.43 Uhr	4.27 Uhr	6.11 Uhr	Sichtbar
21. Dez. 2010	6.32 Uhr	8.17 Uhr	10.02 Uhr	Unsichtbar
15. Juni 2011	18.22 Uhr	20.13 Uhr	22.03 Uhr	Sichtbar
15. April 2014	6.57 Uhr	8.45 Uhr	10.34 Uhr	Unsichtbar
8. Okt. 2014	10.13 Uhr	11.52 Uhr	13.35 Uhr	Unsichtbar
4. April 2015	11.14 Uhr	12.59 Uhr	14.45 Uhr	Unsichtbar
28.Sept. 2015	2.06 Uhr	3.46 Uhr	5.28 Uhr	Sichtbar

(Angaben in MEZ = Mitteleuropäische Zeit)

Bei Sonnenfinsternissen ist dies nicht der Fall. Diese können nur in einem schmalen Bereich, dem kleinen Kernschatten oder Halbschatten des Mondes beobachtet werden.

Links oben: Der „rote Mond“ bei einer totalen Mondfinsternis.
Rechts oben: Ein Teil des Mondes befindet sich im Kernschatten, der hellere Teil gleichzeitig im Halbschatten; dasselbe Phänomen zeigen auch die Aufnahmen links unten und rechts unten, die bei einer anderen Finsternis mit Langzeitbelichtung aufgenommen wurden.

Szenario einer totalen Finsternis

Am besten beobachten Sie eine Mondfinsternis mit einem 8x30-Fernglas. Zu Beginn der Finsternis werden Sie vermutlich kaum etwas bemerken, wenn der Mond in den Halbschatten der Erde eintritt. Dann bildet sich am linken Mondrand eine dunklere Einbuchtung, die sich nach und nach über die ganze Scheibe zieht. Dieser kreisförmige Schatten erscheint zunächst gräulich, dann überzieht eine mehr und mehr rötliche Färbung die Mondscheibe. Zwischen der verbleibenden hellen Sichel und dem rötlichen Bereich des Schattens spannt sich ein graublaues Band. Sobald die totale Finsternis eintritt, wird das Rot intensiver und bedeckt die gesamte Scheibe.
Der Mond kann fast zwei Stunden lang verfinstert sein, dann zeigt sich am linken Rand der Scheibe eine schmale Lichtsichel, die sehr langsam breiter wird.

Sonnenfinsternisse beobachten

Die Königin unter den Finsternissen bleibt die totale Sonnenfinsternis, wenn plötzlich absolute Ruhe herrscht und mitten am Tag die Nacht hereinbricht. Das Erlebnis ist so stark und so eindrucksvoll, dass viele Hobby-Astronomen alle Finsternisse miterleben wollen und dazu von einem Ort zum anderen reisen.

Eine einfache Frage der Durchmesser

Die Sonne ist riesig und sehr weit entfernt: Ihr Durchmesser beträgt fast 1 400 000 km und der Abstand zur Erde 150 Millionen km. Der Mond hingegen ist wesentlich kleiner, 400-mal so klein. Aber er ist uns auch 400-mal näher. Daher ist sein Durchmesser am Himmel für uns scheinbar derselbe wie der der Sonne. Auf diese Weise wirkt er, wenn er sich zwischen Sonne und Erde schiebt, wie ein Schirm, der die Sonnenscheibe ganz oder teilweise verdeckt.

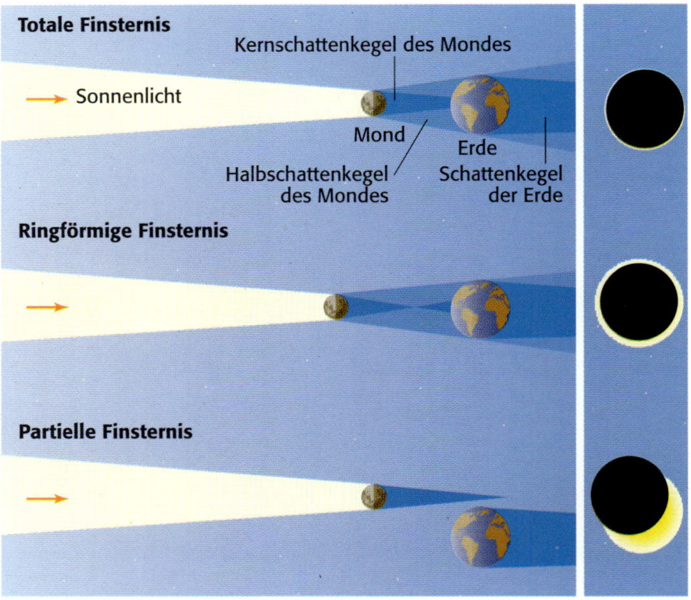

Während einer Sonnenfinsternis wirft der Mond seinen Schattenkegel auf die Erde.

Partielle, totale oder ringförmige Finsternisse

Wenn der Mond in der Mitte einer Finsternis nur einen begrenzten Teil der Sonnenscheibe verdeckt, so spricht man von einer „partiellen“ Finsternis. Bedeckt er die gesamte Scheibe der Sonne, so handelt es sich um eine „totale“ Finsternis. Wenn er sich ganz vor die Sonne schiebt, ohne diese jedoch vollständig zu bedecken, kommt es zu einer „ringförmigen Finsternis“.
Dieselbe Finsternis, die an einigen wenigen Orten der Erde total ist, ist in anderen Regionen nur partiell. Die Region (oder der Streifen) der totalen Finsternis ist im Vergleich zum Bereich der partiellen Finsternis sehr klein. Betroffen ist nämlich nur der Teil der Erdoberfläche, auf den der Mondkernschattenkegel trifft.

Beobachtung einer partiellen Finsternis

In den Augenblicken vor der Finsternis ist der Mond unsichtbar, die aufeinander fol-

Die Sonnenkorona, die man nur bei einer totalen Sonnenfinsternis sehen kann, sieht je nach der Sonnenaktivität sehr unterschiedlich aus. Diese Fotografie wurde am 31. Juli 1981 mit einem 157-mm-Teleskop mit einer Brennweite von 667 mm und einem Radialfilter in Sibirien aufgenommen.

Während einer totalen Finsternis (hier die vom 11. August 1999), sind die Protuberanzen als rosafarbene Funken am Rand des verfinsterten Gestirns mit bloßem Auge zu erkennen.

genden Phasen einer partiellen Finsternis sind aber mit bloßem Auge leicht zu verfolgen. Man muss jedoch die Augen schützen, indem man eine spezielle Schutzbrille für Sonnenbeobachtungen aufsetzt. Die Beobachtung der Finsternis ist noch interessanter, wenn man sie per Projektion mit einem Spektiv angeht. Eine andere einfache Technik besteht darin, sie

Projektion des Abbilds einer partiellen Sonnenfinsternis durch das Blattwerk eines Laubbaums auf den Boden.

durch ein mit Mylarfolie geschütztes Fernglas zu verfolgen. Beobachten Sie die West-Ost-Bewegung der schwarzen Einbuchtung auf der Sonnenscheibe. Die Grafiken in den Astronomie-Jahrbüchern werden Ihnen helfen, die Stelle sowohl des ersten als auch des letzten Kontakts (des „Austritts“) zu finden. Beobachten Sie auch die Lichtpunkte im Schatten der Bäume am Boden. Normalerweise sind sie oval, wenn die Sonnenscheibe jedoch teilweise verfinstert ist, haben sie die Form von Ellipsen, die alle auf derselben Seite eingedellt sind, genau wie die partiell verfinsterte Sonne.

Seltene totale Sonnenfinsternisse

Die letzte totale Sonnenfinsternis in Deutschland ereignete sich am 11. August 1999. Um die Mittagszeit durchstreifte der Mondschatten mit einer Geschwindigkeit von mehr als 2700 km/h ein etwa 110 km breites Band in Süddeutschland. Die nächste Sonnenfinsternis über Deutschland wird erst am 3. September 2081 stattfinden, totale Sonnenfinsternisse sind an einem bestimmten Ort nämlich selten. Sonnenfinsternisse ermöglichen eine mehrere Minuten lange Beobachtung der Korona mit bloßem Auge. Die Korona ist die äußerste Schicht der Sonnenatmosphäre, die sich über zehn Millionen Kilometer in den Raum erstreckt. Stellenweise kann man am Rand der Scheibe sogar die rosa Flammen der Protuberanzen sehen. Durch ein Fernglas ist dies ein fesselndes Schauspiel.

Totale Sonnenfinsternisse von 1999–2010

Datum	Art der Finsternis	Sichtbarkeit
11. Aug. 1999	Total	Atlantik, Europa, Südasien
21. Juni 2001	Total	Atlantik, südliches Afrika, Madagaskar
14. Dez. 2001	Ringförmig	Pazifik, Mittelamerika
10. Juni 2002	Ringförmig	Pazifik
4. Dez. 2002	Total	Südafrika, Indischer, Ozean, Australien
31. Mai 2003	Ringförmig	Island, Nordschottland
23. Nov. 2003	Total	Antarktis
8. April 2005	Ringförmig-total	Mittel- und Südamerika
3. Okt. 2005	Ringförmig	Spanien, Afrika, Indischer Ozean
29. März 2006	Total	Afrika, Türkei, Russland
22. Sept. 2006	Ringförmig	Nordosten von Südamerika
7. Februar 2008	Ringförmig	Südpazifik, Antarktis
1. Aug. 2008	Total	Nordkanada, Sibirien, China
26. Januar 2009	Ringförmig	Südatlantik, Indischer Ozean, Sumatra
22. Juli 2009	Total	Indien, China, Pazifik
15. Januar 2010	Ringförmig	Afrika, Indien, China
11. Juli 2010	Total	Pazifik, Chile, Argentinien

Sonnenfinsternisse im deutschsprachigen Raum

Datum	Art	Mitte	Max. Dauer
11. Aug. 1999	Total	12.03 Uhr	2 Min. 23 Sek.
3. Sept. 2081	Total	10.06 Uhr	5 Min. 33 Sek.
23. Juli 2093	Ringförmig	13.31 Uhr	5 Min. 12 Sek.
7. Okt. 2135	Total	9.59 Uhr	4 Min. 50 Sek.
25. Mai 2142	Total	9.32 Uhr	3 Min. 18 Sek.
14. Juni 2151	Total	18.12 Uhr	3 Min. 49 Sek.
14. April 2200	Total	15.48 Uhr	1 Min. 23 Sek.
2. Okt. 2350	Ringförmig	12.11 Uhr	4 Min. 21 Sek.

(Zeitangaben in MEZ = Mitteleuropäische Zeit)

Nützliche Adressen

Hier finden Sie nützliche Adressen, die sowohl für Einsteiger als auch für fortgeschrittenere Beobachter interessant sind. Astronomische Vereinigungen fördern Kontakte und den Gedankenaustausch, und der Besuch eines Planetariums oder einer Sternwarte ist immer wieder ein beeindruckendes Erlebnis.

Planetarien

Berlin
Archenhold-Sternwarte
Alt-Treptow 1, 12435 Berlin

Wilhelm-Foerster-Sternwarte
und Planetarium
Munsterdamm 90, 12169 Berlin

ZEISS-Großplanetarium
Prenzlauer Allee 80, 10405 Berlin

Bochum
Planetarium und Sternwarte
Castroper Straße 67, 44777 Bochum

Freiburg
Planetarium Freiburg
Bismarckallee 7g, 79098 Freiburg

Halle
Raumflugplanetarium
Peißnitzinsel 4 a, 06108 Halle

Hamburg
Planetarium
Hindenburgstraße 1b
22303 Hamburg

Jena
Planetarium
Am Planetarium 5, 07743 Jena

Kassel
Planetarium im Museum für
Astronomie und Technik-
geschichte; Orangerie
An der Karlsaue 20 c, 34121 Kassel

Kiel
Planetarium
Knooper Weg 62, 24103 Kiel

Klagenfurt
Raumflugplanetarium
Villacher Straße 239
A-9020 Klagenfurt

Laupheim
Volkssternwarte
und Planetarium
Parkweg 44, 88471 Laupheim

Luzern
Planetarium im Verkehrshaus
der Schweiz
Lidostraße 5, CH-6006 Luzern

Mannheim
Planetarium
W.-Varnholt-Allee 1
68165 Mannheim

München
Planetarium im Amazeum
Museumsinsel 1, 80538 München

Planetarium und Bayerische
Volkssternwarte
Rosenheimer Str. 145h
81671 München

Nürnberg
Planetarium
Am Plärrer 41, 90317 Nürnberg

Osnabrück
Museum am Schölerberg/
Planetarium
Am Schölerberg 8
49082 Osnabrück

Schwaz
Zeiss-Planetarium Schwaz
Alte Landstr. 15
A-6130 Schwaz/Tirol

Stuttgart
Carl-Zeiss-Planetarium mit
Sternwarte Welzheim
Mittlerer Schlossgarten
70173 Stuttgart

Wien
Planetarium
Oswald-Thomas-Platz 1
A-1020 Wien

Sternwarten und Astronomische Vereinigungen

Aachen
Sternwarte am Hageweiher
VHS Aachen
Peterstr. 21-25, 52062 Aachen

Basel
Astronomischer Verein
Venusstraße 7
CH-4102 Binningen

Bonn
Volkssternwarte Bonn e. V.
Poppelsdorfer Allee 47, 53115 Bonn

Bielefeld
Schulsternwarte Brackweder
Gymnasium
Beckumer Str. 10, 33647 Bielefeld

Bozen
Verein zur Förderung der Astronomie
in Südtirol
Neustifterweg 5, I-39100 Bozen

Braunschweig
Sternfreunde Braunschweig-
Hondelage e.V.
Ackerweg 1B, 38108 Braunschweig

Dortmund
Sternwarte im Westfalenpark
Astronomischer Verein Dortmund e. V.
Hörder Bahnhofstr. 9
44263 Dortmund

Essen
Verein für volkstümliche Astronomie
Weberplatz 1, 45127 Essen

Frankfurt/Main
Volkssternwarte des
Phys. Vereins Frankfurt
Robert-Mayer-Straße 2–4
60054 Frankfurt

Freiburg
Volkssternwarte Freiburg
Staudinger Str. 10
79115 Freiburg/Br.

Göttingen
Amateurastronomische Vereinigung
Göttingen e.V.
Schlesierring 8
37085 Göttingen

Hagen
Volkssternwarte
Eugen-Richter-Turm, 58135 Hagen

Hamburg
Gesellschaft für volkstümliche
Astronomie (GvA) e. V.
Hindenburgstraße Ö 1
22303 Hamburg

Hannover
Volkssternwarte
Am Lindener Berg 27
30449 Hannover

Heppenheim
Starkenburg-Sternwarte
Kl. Bach 3, 64646 Heppenheim

Jena
Urania-Sternwarte
Schillergäßchen 2, 07745 Jena

Karlsruhe
Sternwarte des Max-Planck-
Gymnasiums
Krokusweg, 76199 Karlsruhe

Kiel
Gesellschaft für volkstümliche
Astronomie (GvA) e.V. – Gruppe Kiel
Hofbrook 64
24119 Kronshagen

Köln
Volkssternwarte
Nikolausstr. 55, 50937 Köln

Krefeld
Vereinigung Krefelder
Sternfreunde e.V.
Friedensstr. 229, 47829 Krefeld

Lübeck
Sternwarte Lübeck
Am Ährenfeld 2, 23564 Lübeck

Mainz
Astronomische Arbeitsgemeinschaft
der Sternfreunde Mainz und
Umgebung e. V.
Petersplatz 2, 55116 Mainz

Münster
Sternfreunde Münster e.V.
Sentruper str. 285, 48161 Münster

Nürnberg
Astronomie & Philatelie
Brunhildstraße 1 a, 90461 Nürnberg

Salzburg
Arbeitsgruppe für Astronomie
Raphael-Donner-Str. 8
A-5026 Salzburg

Stuttgart
Schwäbische Sternwarte
Zur Uhlandshöhe 41, 70188 Stuttgart

Trier
Sternwarte Trier e. V.
Max-Planck-Gymnasium
Sichelstr. 3, 54290 Trier

Wien
Kuffner-Sternwarte
Johann-Staudt-Straße 10
A-1160 Wien

URANIA-Sternwarte
Uraniastraße 1, A-1010 Wien

Wiesbaden
Astronomische Gesellschaft
Urania e. V. / Volkssternwarte
Bierstadter Str. 47, 65189 Wiesbaden

Zürich
URANIA-Sternwarte
Uraniastraße 9, CH-8000 Zürich

Überregionale Vereinigungen

VdS, Vereinigung der Sternfreunde e.V.
Am Tonwerk 6
64646 Heppenheim
Tel.: ++49-(0)6252-787154
http://www.vds-astro.de

Österreichischer Astronomischer Verein
Baumgartenstraße 23/4
1140 Wien
Tel.: ++43-(0)1-914 88 94
http://members.ping.at/astbuero

Schweizerische Astronomische Gesellschaft
Gristenbühl 13
9315 Neukirch

Astrozubehör

Astrocom GmbH
Lochhamer Schlag 5
82166 Gräfelfing
Tel: ++49-(0)89-8583660
Fax: ++49-(0)89-85836677
http://www.astrocom.de/

Astro-Shop
Eiffestr. 426
20537 Hamburg
Tel.: ++49-(0)40-5114348
http://www.astro-shop.com

Baader Planetarium
Zur Sternwarte
82291 Mammendorf
Tel.: ++49-(0)8145-8802
http://www.baader-planetarium.de

Dörr Foto
Postfach 1280
89202 Neu-Ulm
Tel.: ++49-(0)731-970370
http://www.doerrfoto.de

Fujinon GmbH
Halskestraße 4
47877 Willich
Tel.: ++49-(0)2154-9240
http://www.fujinon.de

Intercon Spacetec
Gablinger Weg 9
86154 Augsburg
Tel.: ++49-(0)821-414081
http://www.intercon-spacetec.de

Lachner & Rhemann
Thaliastraße 83
1160 Wien
Tel.: ++43-(0)149-20979
http://www.astrostudio.at

Fernrohrland
Max-Planck-Str. 28
70736 Fellbach
Tel.: ++49-(0)711-9576017
http://www.fernrohrland.de

Pro Astro P. Wyss
Dufourstraße 124
8034 Zürich
Tel.: ++41(0)1-3830108

Vehrenberg KG
Meerbuscher Straße 64-78
40670 Meerbusch-Osterrath
Tel.: ++49-(0)2159-520321
http://www.vehrenberg.de

Zum Weiterlesen und Weiterklicken

Bücher aus dem Kosmos-Verlag

- Berthier, D.: *Sternbeobachtung in der Stadt*
  Tipps & Tricks für lichtgeplagte Stadtbeobachter
- Celnik, W.: *Kosmos HimmelsPraxis*
  Das Jahrbuch für aktive Beobachter mit monatlichen Praxistipps, erscheint jährlich im Herbst
- Dunlop, S.; Tirion, W.: *Der Kosmos Sternführer*
  Alle Sternbilder mit Foto und Grafik; mit Mondkarte
- Ferris, T.: *Fasziniert von den Sternen*
  Das Buch für schlechtes Wetter: virtuelle Beobachtungsabende mit berühmten Hobby-Astronomen
- Hahn, H.: *Was tut sich am Himmel*
  Das Jahrbuch für neugierige Naturbeobachter, erscheint jährlich im Frühjahr
- Hahn, H., Celnik W.: *Astronomie für Einsteiger*
  Alle Infos für den praktischen Einstieg ins Hobby Astronomie
- Herrmann, D. B.: *Die Kosmos Himmelskunde*
  Hintergrundwissen von Planeten bis Galaxien für Astro-Einsteiger
- Herrmann, J.: *Welcher Stern ist das?*
  Viele Sternkarten und Basics für den Anfang
- Keller, H.-U.: *Astrowissen*
  Astronomie kurz und bündig: Grundkurs und Lexikon zugleich
- Keller, H.-U.: *Kosmos Himmelsjahr*
  Der Klassiker unter den Jahrbüchern: alle Infos für Hobby-Astronomen, erscheint jährlich im Herbst
- Keller, H.-U.: *Von Ringplaneten und Schwarzen Löchern*
  20 vergnüglich zu lesende Artikel quer durch die Himmelskunde
- Klötzler, H.-J.: *Das Astro-Teleskop für Einsteiger*
  Alle Infos vom Fernglas bis zum Spiegelteleskop
- Korth, S.; Koch, B.: *Stars am Nachthimmel*
  Die 50 schönsten Nebel, Sternhaufen und Galaxien zum Beobachten
- Mackowiak, B.: *Warum leuchten Sterne?*
  100 spannende Fragen rund um die Astronomie – mit Antworten
- Schilling, G.: *Das Kosmos-Buch der Astronomie*
  Übersichtliches Basiswissen zur Himmelskunde und Sternbeobachtung
- Schröder, K. P.: *Astrofotografie für Einsteiger*
  Die ersten Astrofotos mit und ohne Fernrohr
- Wesp, U.: *Der Kosmos Wetterführer*
  Wetterkunde; mit Wetterscheibe für die eigene Vorhersage
- Spence, P.: *Das KosmosBuch vom Weltraum*
  Einführung in die Astronomie im Bildband-Format

Zeitschriften

- *Interstellarum*, Oculum-Verlag, Erlangen
  Ein Beobachter-Magazin
- *Sterne und Weltraum*, Spektrum der Wissenschaft Verlagsgesellschaft mbH, Heidelberg
  Der Klassiker unter den Zeitschriften mit Fachartikeln, monatlichen Beobachtungshinweisen und Praxistipps
- *Star Observer*, Star Observer Verlag, Gräfelfing
  Bei Einsteigern beliebte Astronomiezeitschrift mit Infos aus Forschung und Raumfahrt sowie Tipps für die Beobachtung
- *Astronomie heute*, Spektrum der Wissenschaft Verlagsgesellschaft mbH, Heidelberg
  Das populäre Magazin für Astronomie und Raumfahrt
- *Sky & Telescope*, Sky Publishing Corp., USA
  Das populärste englischsprachige Beobachter-Magazin

Sternkarten aus dem Kosmos-Verlag

- Hahn H., Weiland G.: *Sternkarte für Einsteiger*
  Sternkarte easy – ein Dreh genügt
- Hahn H., Weiland G.: *Nachtleuchtende Sternkarte für Einsteiger*
  Einfach zu bedienen, leuchtet im Dunkeln

- Hahn H., Weiland G.: *Drehbare Mini-Sternkarte*
  Die Kleine für unterwegs

- Hahn H., Weiland G.: *Drehbare Kosmos-Sternkarte*
  Der Klassiker für Hobby-Astronomen

- Karkoschka, E.: *Atlas für Himmelsbeobachter*
  Der Klassiker unter den Atlanten mit über 250 Objekten für Fernglas und Teleskop

- Mellinger A., Hoffmann S.: *Der große Kosmos Himmelsatlas*
  Der schönste Sternführer: großformatige Sternbildfotos und Overlay-Folien mit Verbindungslinien und Bezeichnungen

- Dunlop, S.; Tirion, W.: *Polaris-Sternkarte*
  Die detaillierteste Sternkarte mit über 3000 Sternen und Objekten

- Karkoschka, E.: *Drehbare Weltsternkarte*
  Eine Sternkarte, die man auf der ganzen Welt benutzen kann

- Hahn H., Weiland G.: *Südhimmel-Sternkarte für Jedermann*
  Die Sternkarte für Australien, Südafrika, Südamerika

Software

- *Guide 8.0*, astro-shop, Hamburg
  Sehr nützliches und verbreitetes Sternkarten- und Planetariumsprogramm

- *Kosmos Himmelsjahr DeLuxe*
  Das erfolgreichste Jahrbuch mit allen Infos für Hobby-Astronomen plus CD-ROM, erscheint jährlich im Herbst

- *Kosmos Planetarium Bessel 4.0*, United Soft Media, München
  Zur exakten Berechnung der Positionen von Sonne, Mond, Planeten und Sternen

- *Redshift 5*, United Soft Media, München
  Planetariums-Programm für den heimischen Computer mit über 20 Millionen Objekten

- *Der Mars*, United Soft Media, München
  Detaillierter Planetenatlas mit hochauflösenden 3D-Ansichten

- *Mission Mond*, United Soft Media, München
  Mondatlas mit allem Wissenswerten über unseren Nachbarn

Internet-Links

- http://www.astronomie.de
  Nomen est omen

- http://antwrp.gsfc.nasa.gov/apod/archivepix.html
  Das Astrofoto des Tages

- http://www.geocities.com/Area51/Corridor/2120/index.html
  Deep-Sky-Objekte, Beobachtungshilfen und mehr

- http://www.eso.org
  Die Europäische Südsternwarte ESO

- http://oposite.stsci.edu/pubinfo/latest.html
  Das Neueste vom Hubble-Weltraumteleskop

- http://www.sternklar.de/gad
  Volkssternwarten und Planetarien im deutschsprachigen Raum

- http://sohowww.estec.esa.nl
  Raumsonde SOHO, aktuelle Sonnenbilder

- http://www.spaceweather.com
  Aktuelle Angaben zur Sonnenaktivität und anderen astronomischen Erscheinungen

- http://meteosat.e-technik.uni-ulm.de
  Aktuelle Wettersatelliten-Bilder

- http://www.jpl.nasa.gov/calendar/calendar.html
  Infos über astronomische/astronautische Ereignisse, Tagungen und Jahrestage

- http://www.heavens-above.com
  Infos über Satelliten-Passagen, Iridium-Blitze und andere „himmlische" Ereignisse

- http://www.br-online.de/alpha/centauri
  Alpha Centauri auf Bayern 3

- http://sunearth.gsfc.nasa.gov
  Alles über Sonnenfinsternisse

Glossar

A B C

Bedeckung: Vorübergehendes Verschwinden eines Gestirns durch das Dazwischentreten des scheinbar größeren Mondes.
Bogenminute ('): 1/60 eines Winkelgrades, etwa das Auflösungsvermögen des menschlichen Auges. Sonne und Mond haben jeweils etwa 30 Bogenminuten Winkeldurchmesser am Himmel.
Bogensekunde (''): 1/60 einer Bogenminute, 1/3600 eines Winkelgrades.
Bolide: Hell leuchtender Meteor.

D E

Doppelstern: Zwei Sterne, die von der Erde aus gesehen nahe beieinander stehen.
Ekliptik: Scheinbare jährliche Umlaufbahn der Sonne auf dem Himmelsgewölbe. Die Ekliptik entspricht der Erdumlaufbahn um die Sonne.
Elongation: Winkelabstand von Merkur oder Venus zur Sonne.

F G

Finsternis: Vorübergehende Bedeckung eines Gestirns durch das Dazwischentreten eines anderen Himmelskörpers zwischen dieses Gestirn und die Lichtquelle. Eine Sonnenfinsternis entsteht, wenn sich der Mond zwischen Sonne und Erde schiebt, eine Mondfinsternis, wenn der Mond in den Kernschatten der Erde tritt.
Frühlingspunkt: Schnittpunkt von Himmelsäquator und Ekliptik, den die Sonne am Tag der Tagundnachtgleiche im Frühling in Süd-Nord-Richtung durchläuft.
Galaxie: Weitläufiges und weit entferntes System aus Milliarden von Sternen, wie die Milchstraße.
Gegenschein: Lichtschein an dem Punkt, der dem Punkt unter dem Horizont entgegengesetzt ist, an dem sich die Sonne befindet; tritt gegen Mitternacht auf.
Größenklasse: Positive oder negative Zahl, die die Helligkeit der einzelnen Himmelskörper angibt.
Grüner Strahl: Sehr kurz auftretender intensiv grüner Lichtstrahl an der Stelle, wo die Oberkante der Sonnenscheibe den Horizont berührt.

H I J K

Himmelsgewölbe: Fiktives Gewölbe, auf dem die Sterne befestigt zu sein scheinen.
Himmelshemisphäre: Eine der beiden Hälften des Himmelsgewölbes, die durch den Himmelsäquator begrenzt ist.
Himmelspol: Punkt, um den die Gestirne konzentrische Kreise beschreiben.
Horizont: Gedachte Linie, in der das Himmelsgewölbe die Erdoberfläche zu berühren scheint.

K

Komet: Gestirn mit einem leuchtenden Kern und einem Gas- und Staubschweif.
Konjunktion: Scheinbare, durch die Perspektive bedingte Annäherung zweier Gestirne.
Koordinaten: Zahlen, mit deren Hilfe man ein Gestirn am Himmelsgewölbe finden kann.
Korona: Äußere Atmosphäre der Sonne, die man bei einer totalen Sonnenfinsternis sehen kann.

L M

Lichtjahr: Astronomische Längeneinheit, die der Strecke entspricht, die das Licht innerhalb eines Jahres mit seiner Geschwindigkeit von rund 300 000 km/s zurücklegt (etwa 9500 Milliarden Kilometer).
Lunation: Abfolge der Mondphasen zwischen zwei Neumonden (etwa 29,5 Tage).
Magellansche Wolken: Kleine Galaxien, die der Seefahrer Magellan in den Sternbildern Schwertfisch und Tukan entdeckte.
Meteor: Sternschnuppe oder Bolide.
Meteorit: Interplanetarer Brocken, der in die Erdatmosphäre eindringt und am Erdboden ankommt.
Milchstraße: Unsere Galaxie.

N O

Nebel: Diffus nebelartig erscheinendes ausgedehntes Objekt im interstellaren Raum. Es gibt leuchtende und Dunkelnebel.
Opposition: Stellung eines Planeten, der der Sonne von der Erde aus gesehen genau gegenüber steht.

P Q

Planet: Himmelskörper, der wie die Erde in einer Umlaufbahn um die Sonne kreist. Im Sonnensystem bezeichnet man einen Planeten als „inneren Planeten", wenn er sich näher an der Sonne befindet als wir, im anderen Fall spricht man von einem „äußeren Planeten".
Polarstern: Stern, der etwa in Richtung des nördlichen Himmelspols liegt.
Protuberanz: Eruption auf der Sonne, die bis in eine Höhe von über 200 000 km über die Sonnenoberfläche reichen kann.
Quadratur: Zeitpunkt, zu dem ein Gestirn mit Erde und Sonne einen Winkel vom 90° bildet.

R

Radiant: Himmelspunkt, dem die Spuren der Sternschnuppenströme zu entspringen scheinen.
Rückläufigkeit: Bewegung eines Gestirns von Ost nach West.

S

Saros-Periode: Periode von 18 Jahren und elf Tagen, in der sich eine feste Abfolge von Sonnen- und Mondfinsternissen wiederholt.
Scheinbare Bewegung: Verschiebung eines Gestirns am Himmelsgewölbe aufgrund der Erddrehung oder des jährlichen Erdumlaufs um die Sonne.
Sonnenfackel: Leuchtendes, längliches Gebiet auf der Sonnenoberfläche, gut sichtbar am Rand der Scheibe.
Sonnenfleck: Dunkler, veränderlicher Bereich auf der Sonnenoberfläche.
Sonnensystem: Gesamtheit der Gestirne (Planeten und Monde, Kometen und Asteroiden), die um die Sonne kreisen sowie die Sonne selbst.
Sonnenwende: Zeitpunkt, zu dem die Sonne beim Überqueren des Meridians am höchsten oder niedrigsten steht (Sommersonnenwende am 21. oder 22. Juni, Wintersonnenwende am 21. oder 22. Dezember).
Spektrum: Zerlegung eines Lichtstrahls in seine verschiedenen Farben durch ein optisches System.
Stern: Gestirn wie unsere Sonne.
Sternbild: Bezeichnung, die man für eine Gruppe aus Sternen mit charakteristischer Form festgelegt hat.
Sternhaufen: Gruppe von physikalisch verbundenen Sternen wie die Plejaden, Hyaden etc.
Sterntag: Zeit, die ein Stern benötigt, um wieder demselben Punkt auf der Erde gegenüber zu stehen wie am Vortag (23 Stunden, 56 Minuten und 4 Sekunden).
Szintillation: Bei der Beobachtung störendes Luftflimmern.

Namen bekannter Sterne

Bezeichnung	Sternbild	Bemerkungen
Achernar	Alpha i. Fl. Eridanus	Stern am Südhimmel
Albireo	Beta im Schwan	Doppelstern
Alkor	80 i. Gr. Bären	Doppelstern mit Mizar
Alkyone	Eta im Stier	Stern in den Plejaden
Aldebaran	Alpha im Stier	Punkt des Wintersechsecks
Algol	Beta im Perseus	Veränderlich
Atair	Alpha im Adler	Punkt des Sommerdreiecks
Antares	Alpha im Skorpion	Rote Farbe
Arktur	Alpha i. Rinderhirten	Orangerote Farbe
Bellatrix	Gamma im Orion	
Beteigeuze	Alpha im Orion	Punkt des Wintersechsecks
Deneb	Alpha im Schwan	Punkt des Sommerdreiecks
Denebola	Beta im Löwen	
Diphda	Beta im Walfisch	
Fomalhaut	Alpha i. Südl. Fisch	Bei uns immer am Horizont
Gemma	Alpha i. d. Nördl. Krone	
Kanopus	Alpha im Schiffskiel	Stern am Südhimmel
Kapella	Alpha im Fuhrmann	Zirkumpolar
Kastor	Alpha i. d. Zwillingen	Doppelstern
Mira Ceti	Omikron i. Walfisch	Veränderlich
Mizar	Zeta i. Gr. Bären	Doppelstern mit Alkor
Polaris	Alpha i. Kl. Bären	Polarstern
Pollux	Beta i. d. Zwillingen	Punkt des Wintersechsecks
Prokyon	Alpha i. Kl. Hund	Punkt des Wintersechsecks
Proxima	im Zentaur	Nächster Nachbarstern
Regulus	Alpha im Löwen	Doppelstern
Rigel	Beta im Orion	Doppelstern, Punkt des Wintersechsecks
Rigil Kentaurus	Alpha im Zentaur	Stern am Südhimmel
Sirius	Alpha i. Gr. Hund	Hellster Stern am Himmel, Punkt des Wintersechsecks
Spika	Alpha i. d. Jungfrau	
Wega	Alpha i. d. Leier	Punkt des Sommerdreiecks

T

Tagundnachtgleiche: Datum, an dem gleichzeitig an allen Punkten der Erde Tage und Nächte gleich lang sind (Tagundnachtgleiche des Frühlings: 20. oder 21 März, Tagundnachtgleiche des Herbstes: 22. oder 23. September).
Tierkreis: Bereich des Himmelsgewölbes, der durch zwei parallel zur Ekliptik verlaufende Kreise begrenzt ist und in dem sich die Sonne und die Planeten bewegen.

U V W X Y Z

Umlaufbahn: Elliptische Bahn, die ein Himmelskörper im Weltraum um einen anderen beschreibt.
Zenit: Der Punkt am Himmel, der senkrecht über einem Beobachter liegt.

Register

Die kursiven Seitenzahlen beziehen sich auf Bildlegenden.

Legenden zu den ganzseitigen Abbildungen

Seite 7: Strichspuren, die Mond, Venus und helle Sterne auf dem Film hinterlassen haben; Belichtungszeit: 2 Stunden (Anfangsbelichtung 2 Sekunden, Unterbrechung von 2 Minuten, dann ununterbrochene Belichtung); Objektiv: 50 mm.
Seite 8/9: Das Sternbild Schwan.
Seite 24/25: Das Sternbild Orion mit dem Orion-Nebel.
Seite 46/47: Das Sternbild Schütze.
Seite 56/57: Eine Konjunktion am Himmel.
Seite 84/85; Himmelsbeobachtung mit dem Fernglas.
Seite 98/99: Eine Sonnenfinsternis.

Bildnachweis

Die Fotografien dieses Werks stammen von Pierre Bourge, mit Ausnahme der nachfolgenden Aufnahmen: S. 8/9 Christophe Lehénaff © Archives Larbor – S. 13 Fabrice Bourge – S. 20 Christophe Lehénaff © Archives Larbor – S. 24/25 Christophe Lehénaff © Archives Larbor – S. 34 Hervé Burillier © Archives Larbor – S. 39 J.-F. Léoni – S. 41 oben Gianni Dagli Orti © Archives Larbor – S. 41 unten © Archives Larbor – S. 46/47 Christophe Lehénaff © Archives Larbor – S. 48 Jeanbor © Archives Larbor – S. 50 © RMN / Hervé Lewandowski – S. 66 © NASA – S. 73 Christophe Lehénaff © Archives Larbor – S. 77 Hervé Sourgens – S. 84/85 Hervé Sourgens – S. 92 Christophe Lehénaff © Archives Larbor – S. 115 oben und unten Jean Dragesco – S. 117 unten Fabrice Bourge – S. 123 unten Jean Dragesco – S. 127 rechts und links Hervé Sourgens – S. 133 Éric Voisin.